深空深海氦/氦氙混合工质叶轮机械设计方法及流动相似特性研究

姜玉廷　岳国强　郑群　原泽　编著

哈尔滨工程大学出版社
Harbin Engineering University Press

内 容 简 介

本书介绍了超临界氦工质以及氦氙二元混合工质压气机和涡轮的气动设计方法,并建立了不同工质叶轮机械流动相似方法。全书共分为4章,第1章主要介绍深空深海闭式布雷顿循环动力系统的研发背景;第2章主要介绍深空预冷发动机采用的超临界氦叶轮机械设计方法;第3章主要介绍氦氙混合工质叶轮机械的设计方法;第4章主要介绍不同工质叶轮机械相似特性。

本书既是一部很好的高等学校教学参考书,又可以作为国防工业科研院所、高校从事特殊工质叶轮机设计、研究工作人员的好帮手,尤其可对国内研发人员突破深空、深海闭式布雷顿循环动力系统提供有益的指导和帮助。

图书在版编目(CIP)数据

深空深海氦/氦氙混合工质叶轮机械设计方法及流动
相似特性研究/姜玉廷等编著. —哈尔滨:哈尔滨工
程大学出版社,2024.4
　　ISBN 978-7-5661-4337-2

Ⅰ.①深…　Ⅱ.①姜…　Ⅲ.①叶轮机械流体动力学-
研究　Ⅳ.①TK12

中国国家版本馆 CIP 数据核字(2024)第 064179 号

深空深海氦/氦氙混合工质叶轮机械设计方法及流动相似特性研究
SHENKONG SHENHAI HAI/HAIXIAN HUNHE GONGZHI YELUN JIXIE SHEJI FANGFA JI LIUDONG XIANGSI TEXING YANJIU

选题策划　雷　霞
责任编辑　唐欢欢
封面设计　李海波

出版发行　哈尔滨工程大学出版社
社　　址　哈尔滨市南岗区南通大街 145 号
邮政编码　150001
发行电话　0451-82519328
传　　真　0451-82519699
经　　销　新华书店
印　　刷　哈尔滨午阳印刷有限公司
开　　本　787 mm×1 092 mm　1/16
印　　张　11.25
字　　数　295 千字
版　　次　2024 年 4 月第 1 版
印　　次　2024 年 4 月第 1 次印刷
书　　号　ISBN 978-7-5661-4337-2
定　　价　69.80 元

http://www.hrbeupress.com
E-mail:heupress@ hrbeu.edu.cn

前　　言

闭式布雷顿循环动力系统是满足深空探测器及深海大型潜航器长航时、高能量需求以及多任务载荷等指标的解决方案之一,其中叶轮机械气动热力学是支撑该动力循环的主要学科。尽管采用了相同的热力循环理论,但与航空发动机及船用燃气轮机不同的是,深空深海闭式布雷顿循环系统更关注于装置体积及长航时运行的稳定性。因此,对于上述技术要求,并出于叶轮机械气动设计及换热器能力等多方面的考虑,深空深海动力系统趋于采用特殊工质来取得相对于空气更优秀的循环性能,目前主要有超临界氦工质和氦氙混合工质。

在深空深海环境实现高效、高能量密度循环的同时,氦/氦氙混合工质的采用也给叶轮机械的设计实践带来了巨大的挑战。特殊工质的物性与空气存在较大的差异,这使得工质的流动特征及损失特性具有明显的不同,进而导致叶轮机械的设计不能完全照搬空气工质已在航空发动机及舰船燃气轮机中日臻成熟的设计经验。因此,有必要对超临界氦工质和氦氙混合工质叶轮机械的设计实践进行一定的梳理。此外,在超临界氦循环的研究中,也曾提出采用氦氙混合工质来进一步提高工质的换热能力以取得更好的循环性能。另一方面,氦、氙的掺混也能够有效降低氦叶轮的气动负荷,从而降低叶轮机械的设计难度,这使得氦氙循环也成为深空/深海动力系统的备选方案,对于氦氙叶轮机械设计方法的归纳与总结也是本书详述的重点问题之一。

对于氦/氦氙混合工质叶轮机械设计方法的探究,目前最可靠的做法,仍是依靠以试验数据为基础建立的经验关系。但出于对试验条件和成本等方面的考虑,开展大规模工质试验来深入认识其流动特性以及叶轮机械内部的复杂流动机理仍然具有较高的技术难度。因此,基于相似模化理论开展的工质基础流动特性模化、叶轮机械复杂流场相似、叶轮机械全工况特性等效等方法的探究是构建特殊工质叶轮机械设计体系的重要一环,而以此衍生的工质模化设计方法也能够在一定程度上促进叶轮机械的优化设计并加速工程研制过程。

在此前提下,本书更注重在深空深海环境下氦/氦氙混合工质叶轮机械在设计过程中对技术参数的取舍问题,并重点关注这种可能与空气叶轮设计经验不同的参数取舍背后在气动、结构、转子动力学、试验等方面的深层次考虑,从而为深空深海动力循环奠定基础。对于氦/氦氙混合工质叶轮机械的研究是在以往空气叶轮设计经验基础上的二次创新过程,同时该过程也能够反过来推动燃气轮机叶轮机械技术的发展和完善。

编著者

2024 年 1 月

目　　录

第 1 章　绪　　论

1.1　研　究　背　景

海洋因拥有丰富的矿产、生物等资源而成为我国经济发展的重要支点,海洋开发是解决我国资源短缺、环境恶化等问题的重要出路。同时,其巨大的水域面积及储水量是影响全球气候、碳循环等生态问题的重要因素,是人类研究生态环境的重要对象。另外,海洋天然的地理格局是我国重要的国防屏障,并为相关科学及技术创新提供重要舞台。如今,开发海洋国土、发展海洋空间已经成为我国"海洋强国"战略中的重要一环,海洋侦测工程技术装备是海洋开发的主要抓手,水下无人潜航器(underwater unmanned vehicle,UUV)是其中最主要的技术载体。

目前,世界范围内对于 UUV 的技术探索以美国海军的研究最为广泛、立项最多,其将 UUV 规划为四类,其中排水量在 5 t 以上的大型 UUV 将作为海洋信息识别、通信网络节点、海基资源运输的主要承担方式并可作为海洋国防力量的重要辅助,成为 UUV 发展序列中的重中之重,代表型号有"MANTA"攻击型无人潜航器、"Proteus"双模式大型 UUV、长航时海军创新型原理样机(large displacement unmanned underwater vehicle innovative naval prototype,LDUUV-INP)等。这类实验性 UUV 的动力系统均采用电动力推进,其续航力为 8~50 h,最高航速 10 kn 左右,其动力学性能受到电动力系统能量密度颇多掣肘。在大型 UUV 的基础上,美国海军进一步提出了超大型 UUV 概念作为水下打击或中小型 UUV 的部署平台,其代表方案为轻型水下打击艇(light strike vehicle,LSV)和"水螅"计划。为开展长航时模拟实验,LSV 方案采用 1 680 块铅酸电池供电,这使得该艇的排水量达到 196 t,严重影响了艇身的动力学特征设计。而"水螅"计划中母艇不仅要满足自身的动力需求,而且将作为区域内 UUV 的指挥节点并为子艇提供能源补给,这使得仅靠增加电池容量来实现设计指标是不可行的。因此,各国将研究聚焦于其他形式的动力系统。2013 年,美国推出了 160 t 级超大型 UUV"虎鲸"方案,其采用柴电混合动力系统,在 10~12 个充电周期内,可以 10 kn 航速航行 5 000~6 000 mi①。俄罗斯方面,"大琴键-2"大型 UUV 直接采用了常规动力潜艇的不依赖空气推进装置(AIP),并发展了"波塞冬"超大型核动力 UUV,其可携带 1.5 t 载荷以 56 kn 航速航行超过 10 000 n mile②。在其机动能力得到大幅度提升的同时,UUV 同样又面临动力系统小型化困难、无人监管复杂化以及长航时运行安全性等问题。

深空探测同样具有小型高性能动力系统的应用需求。作为空间科学的主要分支,深空探测肩负着对宇宙形成与演化等主要科学问题研究的基础意义,并促进着一系列基础性、前瞻性学科技术的深层次发展。深空探测的深度与广度取决于一系列关键技术的突破与

---

① 1 mi ≈ 1 609 m。

② 1 n mile = 1 852 m。

支撑,包括深空轨道设计、自主航行技术、能源推进技术以及深空通信等,其中能源与推进技术是其中的核心问题。目前应用级深空能源技术主要包括两大类,即基于太阳能的光电系统及基于核能的热电转换系统,如图 1-1 所示。光电能量转换技术基于光电子转换,主要采用晶体硅及非晶硅薄膜电池构成太阳能电池板,其优势在于技术成熟、运行安全等,但是对于深空探测应用而言,其缺点也十分明显。首先,光电转换受星表环境影响较大,如夜晚及大气沙尘对接受太阳能具有较大影响;其次,太阳常数随距离的增加而急剧下降,如木星太阳常数为地球的 1/25;第三,功率的增加导致太阳能电池板面积质量快速增加,影响探测其的尺寸及动力学特征,提高了姿态控制、维度控制和结构机构的设计难度。空间核能热电转换系统的基本原理是采用硅-锗(Si-Ge)热电偶将核热能静态转换为电能,代表方案有苏联/俄罗斯开发的百瓦级"Romashka 罗玛什卡"和千瓦级 BUK,美国开发的百瓦级 SNAP-10。相比于太阳能电源,深空核能热电转换系统具有工作寿命长、功率输出恒定、受环境影响小等优点,但是其劣势在于输出功率较低,以苏联大量采用的 BUK 电源为例,其电源总重 930 kg,反应堆中铀 235 装量为 30 kg,输出功率仅为 3 kW。随着空间飞行器的航程更长、载荷更重、空间变轨能力要求更高、科学任务更加多样化,目前千瓦级动力系统已不能满足其任务载荷的能源需求。

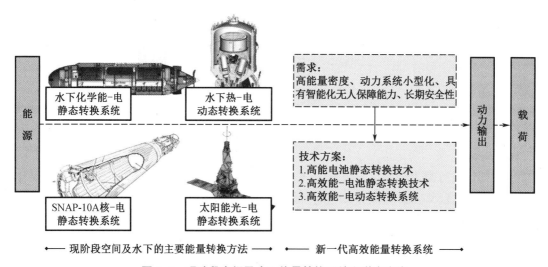

图 1-1　现阶段空间及水下能量转换系统和潜在方案

在动力系统的选择及应用环境的考量下,应用于水下大型 UUV 及深空探测系统的动力系统具有相同的技术要求,即高能量密度、动力系统小型化、具有智能化无人保障能力、长航时、高安全性等。至于深空探测对于动力系统中要求的长使用寿命需求,目前各国趋向于采用太阳热能或小型化核反应堆作为基础能量;而水下应用由于具有相对便捷的燃料补给能力,目前的研究期望为采用无气体排放燃料等作为热源或采用高活性电离子能量。在此背景下,对于新一代水下及空间动力系统的开发,本书落笔于其中的能量-动力转换单元,并对此提出了稳定功率输出与高能量转换效率的设计要求,同时促进了一系列对转换方式、转换介质、个中关键技术、现行经验、试验模拟方法等诸多方面的思考和发展。

1.2　深空深海闭式布雷顿循环动力系统

动力转换系统可分为静态转换系统(static conversion system)及动态转换系统(dynamic conversion system),其中静态转换系统主要包括实现化学能-电能转换的电池技术、光-电转换的光伏技术以及热-电转换的温差发电技术等,动态转换系统则为将热能转换为动能进而转化为机械能/电能的热动力系统总称。El-Genk 比较了现阶段所采用的不同能量转换系统的比功及能量转换效率,提出动态转换系统的参数全面优于现阶段所采用的静态转换系统。目前广泛采用的热动力循环主要有闭式朗肯循环、斯特林循环以及布雷顿循环。

尽管空间与水下探测技术对于动力系统具有相同的基本需求,然而由于实际工作环境的不同,二者在技术指标上的取舍是不一致的。目前基于鱼雷战术性能而发展的水下高性能动力系统优先考虑系统输出功率,而循环效率以及寿命问题则在其次。对于 UUV,Waters 提出采用朗肯循环-燃料电池耦合的方式提高循环的续航能力使其满足 UUV 的动力需求。深空探测则以循环整体寿命及运行稳定性为首要目标,输出功率和效率可以略有取舍,因此朗肯循环中工质在回路中存在相变过程并不适合深空的工作环境。故空间及水下动力技术的主要突破点在于闭式斯特林循环及闭式布雷顿循环。

早在 1992 年,瑞典海军即下水了采用闭式斯特林循环 AIP 系统的"哥特兰"级潜艇,其系统转换效率高达 42%,最大功率 150 kW,作为辅助动力系统,可潜航时间增加到 2~3 周。同时闭式斯特林循环的小型化也进展得十分顺利,1988 年 United Stirling 公司基于 3-95 型原型机开始研发用于鱼雷及 UUV 的适配型号,其耦合燃烧室采用柴油及纯氧燃烧以提供 15 kW 的功率输出,如图 1-2 所示。在空间应用方面,20 世纪 90 年代,Audy 提出了基于太阳热辐射能的空间闭式斯特林发动机,美国航空航天局(NASA)也开展了 7 kW 级的近地轨道斯特林动力系统。2011 年,美国洛斯阿拉莫斯国家实验室开发了基于闭式斯特林循环-快堆耦合的深空动力系统,其能量转换效率达 25%,输出功率 1 kW。闭式斯特林循环动力系统存在的主要问题在于配气活塞和动力活塞之间的相位配合可能影响闭式循环中的定温压缩/膨胀过程,进而影响循环效率,另一方面,特林循环的功率密度及整体输出功量级较低。Mason 比较了不同输出功率等级下斯特林及布雷顿循环动力系统的功率密度,随着输出功率的增加,斯特林循环中气缸体积及质量增加,其能量密度显著降低。研究进一步指出,在输出功率为 1~10 kW 量级内,斯特林循环的能量密度较有优势,而对于 100 kW 以上的大功率闭式动力系统,更宜采用闭式布雷顿循环得到较高的能量密度。

在布雷顿循环中,工质在压气机-涡轮核心机内的流速较高、密度较大,因此流动体积流量较小,动力系统整机的体积较小。同时,回转式动力机械的运行稳定性优于往复式机械,以及其外燃机具备的多热源匹配能力,使得对于实现空间及水下的高效、高能量密度能量转换而言,闭式布雷顿循环装置是目前发展的重点。自 20 世纪 70 年代以来,NASA 开展了一系列小型闭式布雷顿循环研究。1968 年,刘易斯研究中心(Lewis research center)开展了闭式布雷顿循环原理样机 Brayton Rotating Unit(BRU)的研制工作,其设计功率为 2.23~15 kWe,能量转换效率大于 25%,系统总重 265 kg。在此项研究的基础上,刘易斯研究中心于 1986 年提出了近地轨道空间站动力系统(space station freedom),采用太阳能作为热源,设计功率 36 kWe,循环效率 27%,系统总重 351 kg,设计寿命达 15 年,其运行参数已经远远优于太阳能光-电静态转换系统。为实现深空探测对大功率动力系统的需求,NASA 将闭式布雷顿循环与核反应堆耦合,如月表基地项目(lunar surface application)及木星探测(JIMO)

计划,其输出功率达到 100 kWe 级,循环效率达到 25%。El-Genk 也提出了一种高转换效率的空间动力系统,实验表明循环最高效率可达 34.5%。另外,以反应堆为热源的闭式布雷顿循环也可与磁流体发电耦合,实现更高的能量利用效率。然而,尽管在开式布雷顿循环(燃气轮机)中已经具有成熟的设计和运行经验,但是对于闭式布雷顿循环及其小型化过程中仍然存在一定的技术问题,如图 1-3 所示。

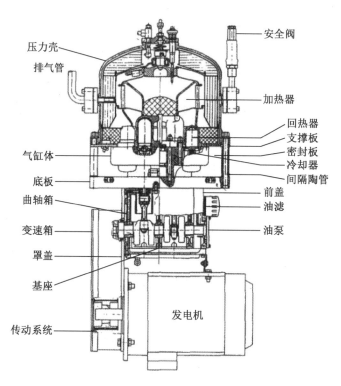

(a)3-95 型水下斯特林循环发动机

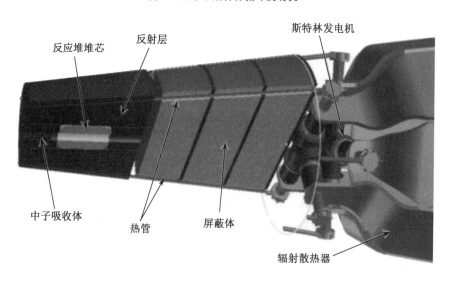

(b) 美国 "Kilopower" 空间斯特林循环动力系统

图 1-2　用于水下及空间系统的闭式斯特林循环小型化方案

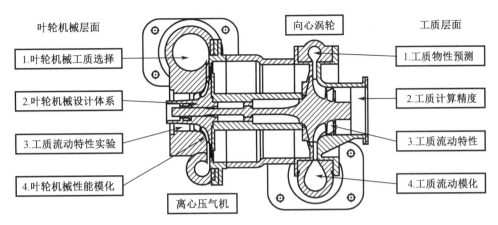

图 1-3 闭式布雷顿动力转换单元中存在的技术问题

闭式布雷顿循环的技术问题主要由工质差异引起,并对工质层面及叶轮机械层面产生影响。闭式循环工质具有多种备选方案,其中不乏各种稀有气体,其在叶轮机械工况温度及压力范围内的物性数据并不齐全,同时新工质是否满足现有流体动力学理论也亟须证明。新工质的基本流动特性可能与空气存在差异,同时这种差异可能影响对应的叶轮机械设计体系,从而导致叶轮机械特性的改变。对于空间及水下闭式循环动力系统,应从基础科学层面的工质及工程实际的叶轮机械两个层面着手,开展对其关键问题及技术手段的讨论与研究。

1.3 不同工质叶轮机械的设计问题

由于闭式循环采用间接循环方式,二回路中的工质并不直接参与热源内反应,因此闭式循环在工质的选择上具有很大的灵活性。空气中所含有的氧气成分,易在高温环境下与循环结构件发生反应,因而不适合作为闭式循环的工质。氮气化学性质较稳定,同时其物理性质与空气相近,在叶轮机械设计上也可参考空气经验,其被视为闭式循环工质的潜在选择之一。Angelino 提出也可采用超临界二氧化碳($S-CO_2$)作为循环工质。除此之外,氦气由于其出色的化学稳定性也被视为工质的潜在方案。表 1-1 给出了不同工质的物性。

表 1-1 闭式循环潜在工质的物性比较

物性	单位	空气	氮气	氦气	$S-CO_2$
压缩因子 Z	—	1.00	1.00	1.00	0.41
定压比热容 C_p	J/(kg·K)	1 006.6	1 041.3	5 193.2	850.9
动力黏度 μ	μPa·s	18.49	17.80	19.84	22.58
导热率 λ	W/(m·K)	0.026	0.026	0.155	0.053
音速 a	m/s	346.3	352.07	1 016.44	189.91

　　超临界二氧化碳的压缩因子最低,相比于其他工质,这使得其压气机在实现相同的压比情况下耗功较少,进而提高了循环效率。同时,Dostal 指出,超临界二氧化碳循环也因此可采用简单循环方案,在循环层面取得比氦气循环更高的效率。在叶轮机械层面,由于压气机耗功较低,其叶轮机械的尺寸也得以降低,这有益于更紧凑的循环布置方式。然而,超临界二氧化碳的压缩过程处于工质的临界点附近,这使得在非设计点工况工质状态易处于亚临界状态并在更高的流速下出现"冷凝"现象。桑迪亚实验室研究表明,尽管工质的冷凝现象可提高 2% 的能量转换效率,但是在此工况下压气机实际上出现了两相流压缩过程,从而降低了压缩效率。同时,Son 指出对工况变化过于敏感的工质压缩因子,在一维层面上影响了对压气机非设计点下的性能预测。对于氦气工质,较高的比热导致其压气机需要更多的级数使工质达到设计压比。在高压末级,其叶片也需采用高轮缘-轮毂比和低展弦比设计来抵抗该工况下的强弯曲应力。一些研究人员提出,可以在氦气中通过添加氩气、氙气以及氮气等改善氦气的难压缩问题,但是工质的组成和配比需要进一步研究。在叶轮机械设计方面,由于氦气的音速较高,因此在设计中无须考虑压气机及涡轮流动中的跨音速问题。

　　在循环安全性方面,长航时动力系统一般采用钠冷堆或气冷堆作为热源。在此情况下,Eoh 提出尽管二氧化碳具有较高的化学稳定性,但在 460 ℃ 的温度阈值附近,其会与液态金属钠发生两种反应,其产物将堵塞冷却管道,导致循环换热能力变差。而气冷堆中,采用直接循环的二氧化碳动力系统工质也会腐蚀堆芯石墨棒。氮气尽管不与堆芯材料反应,但在高温下,循环结构件材料表层易发生渗氮形成"氮脆"现象,不宜承受较高的气动载荷。相比之下,稀有气体具有相对较好的稳定性。

　　在换热性能方面,氦气工质的导热率最高,在实现相同换热能力时,其换热器体积及质量能得到有效控制。El-Genk 提出可采用 He-Xe 混合工质方案进一步提高氦气的换热能力,但是工质的流动性能将变差。二氧化碳的换热能力较差,因此 Hu 和 Du 提出可在二氧化碳循环中添加适量氦气或氪气形成 CO_2-He 或 CO_2-Kr 混合工质提高换热能力。但这种做法仅对于二氧化碳循环有意义。不同气体作为循环工质的优缺点如表 1-2 所示。

表 1-2　闭式布雷顿循环潜在工质的优缺点

工质	优势	劣势
N_2	1. 可参考空气叶轮机械设计体系 2. 相对稳定的化学性质	1. 较差的换热能力 2. "氮脆"现象导致循环结构隐患
$S-CO_2$	1. 较低的压缩功 2. 较高的循环效率 3. 较小的叶轮机械体积 4. 易达到的工质临界点	1. 非设计工况下两相流压缩问题 2. 流体相变导致叶轮性能预测困难 3. 可能与堆芯材料反应 4. 不完善的叶轮机械设计体系
$S-CO_2-X$	1. 较好的传热能力	1. 仅适用于超临界二氧化碳循环
He	1. 相对稳定的化学性质 2. 较好的工质换热能力	1. 不完善的叶轮机械设计体系 2. 工质压缩能力较差 3. 叶轮机械的转子动力学问题 4. 不完善的工质物性数据

表 1-2（续）

工质	优势	劣势
He-X	1. 相对稳定的化学性质 2. 较好的工质换热能力 3. 较好的工质压缩能力	1. 不完善的叶轮机械设计体系 2. 不完善的工质物性数据 3. 较高的流动损失

在空间及水下应用动力系统需求的前提下,具有较高的稳定性、较好的换热能力的氦气工质是目前研究的主要着力方向之一。针对其在工质基础性质及叶轮机械方面的限制,首先开展针对氦气及其混合物物性预测方面的研究,并以此为基础推动稀有气体流动特性及叶轮机械研究等关键问题的发展。

在叶轮机械的设计实践中,尽管氦气和氦氙混合气同属惰性气体,并在计算中认为具有相同的比热比 1.667,但是由于其他物性的不同,在设计上仍然存在以下差异:

(1)由于较低的摩尔质量(4 g/mol)和单原子的分子结构,氦气在常温下即处于超临界状态。而氦氙混合气尽管同样具备单原子的分子结构,但是其较高的平均摩尔质量(常为 40 g/mol)使得混合气体处于稳定气相状态。在典型的闭式布雷顿循环的工作条件下,氦氙为气相,纯净氦气处于超临界状态。工质状态将对叶轮机械的设计产生新的思路。

(2)超临界流体具有液体的热力学特性,同时具备气相的传输特性,即超临界氦在保持与氦氙相同量级的分子黏度及传热特性的同时,其单位质量流体的能量传输能力是氦氙混合气(40 g/mol)的 10 倍,即氦气的比热容较高。在给定的压比下,氦气涡轮(压气机)的比功是氦氙的 10 倍。反过来说,在相同的叶轮机械的做功能力下,氦气的总压升(降)能力远小于氦氙。在闭式布雷顿循环系统中,其性能是多个部件性能的数学耦合,叶轮机械的压比膨胀比由循环的最佳效率决定。因此为了达到循环的设计压比,在相同叶轮机械设计方法的情况下,氦气叶轮机械不得不采用多级设计提高压气机、涡轮的做工能力。这显然增加了压缩系统和膨胀系统的体积和尺寸,同时增加了多级叶轮机械系统的匹配难度。

(3)从叶轮机械结构方面考虑,过多的叶轮机械级数将导致叶轮机械的流道变长。以压气机为例,流道变长导致低压压气机第一级动叶长度增加,从而导致严重的转子动力学问题。同时导致高压压气机叶片的展弦比较小,而且在高压高温的运行条件下以及更强的气流激振力的作用下,叶片不得不采用增厚设计,导致高压压气机流道面积降低。从叶轮机械流动方面考虑,过长的流道导致流动端壁增加,端壁边界层不断增厚,并最终压缩高压压气机流道面积,使得压气机稳定工作区变窄。另一方面,更多的叶片级数使得对下游扰动增强,氦气的流动转捩特征将受到影响。而氦氙混合物由于比热容较低,其叶轮机械级数能够得到有效抑制。

(4)在闭式循环变工况调节过程中,由于较低的摩尔质量,氦气在低工况下密度将受到较大影响,从而在低雷诺数下运行。这使得氦气气流在叶片和端壁表面存在明显的转捩过程,也意味着存在明显的层流状态,降低了工质流动的抗分离特性。在压气机逆压力梯度环境下,氦气易在叶片吸力面发生分离,形成自由剪切面,从而较大程度地影响该通道内的流动结构,降低该级的叶轮效率。但是该影响呈现小范围特征。在下几级,由于扰动的不断增强,氦气转捩将会提前触发形成稳定的湍流状态气流。

氦氙降低了工质的比热比,从根本上解决了氦气叶轮机械的多级设计局限,对于在流动中可能出现的转子动力学问题、边界层增厚问题、流动结构对雷诺数敏感问题以及限制体积应用等问题能够有效避免。

在针对深空及深海环境下的闭式布雷顿循环发电系统中,由于应用环境不同,因此其选取工质的侧重点不同。为实现较高的运行稳定性,可采用稀有气体工质,为实现较高的循环效率或大功率的发电循环例如适用于空间站或水下基地的动力系统,可以采用超临界二氧化碳作为循环工质。对于不同工质叶轮机械设计方法的研究将有效推动以上环境下闭式布雷顿循环动力系统的应用,同时,对于叶轮机械流动特性等基础特性的研究也将为不同工质叶轮机械的高效设计及优化改型奠定坚实的基础。另外,对于特殊工质流动特性的研究也将在一定程度上推动特殊工质循环中强化换热技术及高效转化技术的进步,进而实现特殊工质循环技术的具体应用化,并对大功率集成式发电技术及核能、太阳能等清洁能源的高效利用具有一定的借鉴意义,从而推动国家双碳目标的实现。

参 考 文 献

[1] 杜俊华.十八大以来海洋强国建设的重要举措与显著成效[J].国家治理,2022(S1):46-51.

[2] LANDY W E, LEFEVER M A, SPICER R A. The NAVY unmanned undersea vehicle, (UUV)Master plan[R]. Department of the Navy, USA,2004.

[3] MABUS R. Autonomous undersea vehicle requirement for 2025[R]. U. S. : United States Department of Defense,2016.

[4] LEE S K, SOHN K H, BYUN S W, et al. Modeling and controller design of manta-type unmanned underwater test vehicle[J]. Journal of Mechanical Science & Technology,2009, 23(4):987-990.

[5] O'ROURKE R. Navy large unmanned surface and undersea vehicles:background and issues for congress[R]. congressional research service,2020.

[6] 国外舰船装备与技术发展报告编写组.国外舰船装备与技术发展报告2017:海上无人系统(无人潜航器)[R].北京,中国船舶重工集团公司,2018.

[7] Department of the Navy. Large displacement unmanned underwater vehicle innovative naval prototype technology[R]. ONRBAA Announcement,2015.

[8] 钟宏伟,李国良,宋林桦,等.国外大型无人水下航行器发展综述[J].水下无人系统学报,2018,26(4):273-282.

[9] 苏亚欣,何传俊,杨翔翔.空间站太阳能光伏和热动力电源系统的比较[J].能源工程,2003(6):10-14.

[10] 杨静,刘石,陈焕倬,等.空间站太阳能热动力系统和光伏电池的比较[J].能源研究与利用,2002(3):29-33.

[11] 古哈尔金 H,斯捷普洛伊 H,乌索夫 B.热电转换和热离子转换式空间核反应堆电源"罗马什卡"和"叶尼塞"[M].北京:原子能出版社,2016.

[12] 王晓博.千瓦级空间核反应堆电源发展现状[J].工程技术研究,2017,000(010):1-3.

[13] LABUS T, SECUNDE R. Solar dynamic power for space station freedom[R]. NASA

technical memorandum No. 102016,1989.

[14] EL-GENK M S,PARLOS A G,BUDEN D,et al. System design optimization for multimegawatt space nuclear power applications[J]. Journal of Propulsion & Power,2015,6(2):193-202.

[15] 陆宏,赵熙,倪亚菲,等. 无人水下航行器外热源热机用无气体产生燃料[J]. 船电技术,2015,35(12):30-33.

[16] EL-GENK M S. Space nuclear reactor power system concepts with static and dynamic energy conversion[J]. Energy Conversion & Management,2008,49(3):402-411.

[17] EL-GENK M S,TOURNIER J. "SAIRS" — scalable AMTEC integrated reactor space power system[J]. Progress in Nuclear Energy,2004,45(1):23-69.

[18] WATERS D F,CADOU C P. Estimating the neutrally buoyant energy density of a Rankine-cycle/ fuel-cell underwater propulsion system[J]. Journal of Power Source,2014,248:713-720.

[19] BRETT C. The 4-95 stirling engine for underwater application[C]// Proceedings of the 25th Intersociety Energy Conversion Engineering Conference,1990,No. 1990748005.

[20] AUDY C,FISCHER M,MESSERSCHMID E W. Nonsteady behaviour of solar dynamic power systems with Stirling cycle for space stations[J]. Aerospace Science and Technology,1999, 3(1):49-58.

[21] STRUMPF H,COOMBS M,LACY D. Advanced space solar dynamic receivers[C]// Intersociety Energy Conversion Engineering Conference,1988,No. 19890027972.

[22] MASON L,CARMICHAEL C. A small fission power system with stirling power conversion for NASA science missions[R]. NASA report,NASA/TM-2011-217204.

[23] GIBSON M,MASON L,BOWMAN C. Development of NASA's small fission power system for science and human exploration[R]. NASA report,NASA/TM-2013-218460.

[24] ANDRAKA C E,RAWLINSON K S,MOSS T A,et al. Solar heat pipe testing of the Stirling thermal motors3-120 Stirling engine[C]// Energy Conversion Engineering Conference. IEEE,1996,No. 96306.

[25] MASON L. A comparison of Brayton and Stirling space nuclear power systems for power levels from 1 kilowatt to 10 megawatts[R]. NASA report,2001,NASA/TM-2001-210593.

[26] MASON L. A summary of closed Brayton cycle development activities at NASA[R]. NASA report,No. 20120016632.

[27] LABUS T,SECUNDE R. Solar dynamic power for space station freedom[R]. NASA report, 1989,NASA/TM-102016.

[28] MASON L,RODRIGUEZ C. Sp-100 reactor with Brayton conversion for lunar surface applications[R]. NASA report,1992,NASA/TM-105637.

[29] WOLLMAN M J,ZIKA M J. Prometheus project reactor module final report,for naval reactors information[R]. NASA,2006,SPP-67110-0008.

[30] EL-GENK M S,GALLO B M. High-power Brayton rotating unit for reactor and solar dynamic power systems[J]. Journal of propulsion and power,2010,26(1):167-176.

[31] 刘飞标,朱安文,唐玉华. 磁流体发电系统在空间电源中的应用研究[J]. 航天器工程, 2015,24(1):111-119.

[32] KOBAYASHI H, OKUNO Y. Feasibility study on frozen inert gas plasma MHD generator [J]. IEEE Transaction on Plasma Science, 2000, 28(4): 1296-1302.

[33] ANGELINO G. Carbon dioxide condensation cycles for power production [J]. Journal of Engineering for Gas Turbines and Power, 1968, 90(3): 287-295.

[34] DOSTAL V, DRISCOLL J, HEJZLAR P. A supercritical carbon dioxide cycle for next generation nuclear reactors [R]. Massachusetts Institute of Technology, 2004, ANP-TR-100.

[35] WRIGHT S A, RADEL R F, VERNON M E. Operation and analysis of a supercritical CO_2 Brayton cycle [R]. Sandia national laboratory, 2010, SAND2010-0171.

[36] WRIGHT S A, RADEL R F, CONBOY T M. Modeling and experimental results for condensing supercritical CO_2 power cycles [R]. Sandia national laboratory, 2011, SAND2010-8840.

[37] SON S, JEONG Y, CHE S K, et al. Development of supercritical CO_2 turbomachinery off-design model using 1D mean-line method and Deep Neural Network [J]. Applied Energy, 2020, 263: 114645.

[38] MCDONALD C F. Helium turbomachinery operating experience from gas turbine power plants and test facilities [J]. Applied Thermal Engineering, 2012, 44: 108-142.

[39] PEREZ-PICHEL G D, LINARES J I, HERRANZ L, et al. Potential application of Rankine and He-Brayton cycles to sodium fast reactors [J]. Nuclear Engineering & Design, 2011, 241(8): 2643-2652.

[40] EL-GENK M S, TOURNIER J M. Performance analyses of VHTR plants with direct and indirect closed Brayton cycles and different working fluids [J]. Progress in Nuclear Energy, 2009, 51(3): 556-572.

[41] EOHOH J H, NO H C, YOO Y. Sodium-CO_2 interaction in a supercritical CO_2 power cycle for a Sodium-cooled Fast Reactor [J]. Nuclear Technology, 2011, 173(2): 99-114.

[42] ALPY N, CACHON L, HAUBENSACK D. Gas cycle testing opportunity with ASTRID, the French SFR prototype [R]. Supercritical CO_2 Power Cycle Symposium, 2011.

[43] SEO B S, SEO H, BANG I C. Adoption of nitrogen power conversion system for small scale ultra-long cycle fast reactor eliminating intermediate sodium loop [J]. Annals of Nuclear Energy, 2016, 87: 621-629.

[44] 李强, 胡古, 杨夷, 等. 闭式布雷顿循环 He-Xe 回路与高温合金的相容性研究 [C]// 中国核科学技术进展报告 (第五卷) ——中国核学会 2017 年学术年会论文集第 3 册 (核能动力分卷), 2017.

[45] EL-GENK M S, TOURNIER J M. Noble gas binary mixtures for gas-cooled reactor power plants [J]. Nuclear Engineering & Design, 2008, 238(6): 1353-1372.

[46] HU L, CHEN D, HUANG Y, et al. Investigation on the performance of the supercritical Brayton cycle with CO_2-based binary mixture as working fluid for an energy transportation system of a nuclear reactor [J]. Energy, 2015, 89: 873-886.

[47] DU Z, DENG S, ZHAO L, et al. Molecular dynamics study on viscosity coefficient of working fluid in supercritical CO_2 Brayton cycle: Effect of trace gas [J]. Journal of CO_2 Utilization, 2020, 38: 177-186.

第 2 章　预冷发动机超临界氦
叶轮机械设计方法

2.1　引　　言

人类探索的脚步不断迈向深空和深海,传统的动力机械无法在极端的环境下工作。闭式布雷顿循环的发展为之提供了更多的选择。对于亚轨道飞行器所采用的组合发动机,预冷器是其中关键的一环,采用氦气作为冷媒。此类采用氦气工质的闭式布雷顿循环,其压气机及涡轮的性能优劣将直接影响到动力系统。虽然在原理上和结构上,氦气叶轮机械与传统的燃气涡轮机相似,但是由于其工质物性存在差别,使得在设计方面也存在些许差异。

本章主要针对某预冷发动机氦气压气机、氦气涡轮进行设计,并通过分析氦气压气机、氦气涡轮内部流动,对氦气压气机、氦气涡轮气动设计及优化提供指导。

2.2　工 质 物 性

2.2.1　氦的理化性质

氦(He)作为元素周期表上最不活泼的元素,是稀有气体的一种。通常情况下氦为无色、无味、不溶于水的气体,是唯一不能在标准大气压下固化的物质,其摩尔质量为 $M_{He} = 4.0026 \times 10^{-3}$ kg/mol;气体常数 $R = 2077.25$ J/kg;密度 $\rho_{cr} = 69.3$ kg/m³。氦的应用主要是作为保护气体、气冷式核反应堆的工作流体和超低温冷冻剂。由于氦具有超强的稳定性和导热性,通常将氦应用于特殊物品的保护气、高温气冷堆的换热介质和工作流体。

作为最难液化的一种气体,氦的沸点为-268.9 ℃。其三相图如图 2-1 所示,氦在低温下具有两种液相:普通液相(He Ⅰ)和超流氦液相(He Ⅱ)。普通液相为通常意义上的液氦,而超流氦液相是一种量子流体,临界温度为-267.9 ℃,临界压力为 2.25 bar①,其临界温度和压力均远低于其他流体,在常规情况下,人们应用的氦大多为超临界态。当温度降到-270.98 ℃以下时氦气液化,氦具有表面张力很小、导热性很强、几乎不呈现任何黏滞性等特点。液体氦可以用来得到接近绝对零度(-273.15 ℃)的低温。其化学性质十分不活泼,既不能燃烧,也不能助燃。

---

① 1 bar=100 kPa

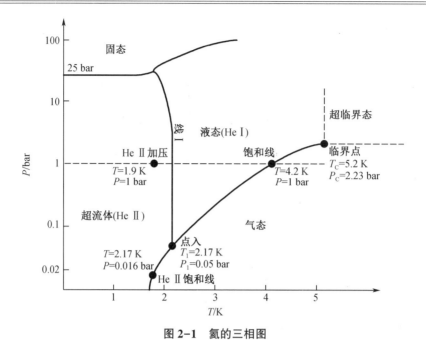

图 2-1 氦的三相图

2.2.2 氦气的热物性

作为惰性气体的氦具有非常稳定的分子结构和热物性。氦的定压比热容 C_p 和定容比热容 C_v 基本不随温度变化而变化,所以它的绝热指数 k 也基本不变,即 $k=1.667$。氦气与空气、氮气和二氧化碳在标准状态下的物理性质如表 2-1 所示。

表 2-1 标准状态(1 atm①,20 ℃)下几种工质的热物性

参数	单位	空气	氦	氮气	二氧化碳
平均摩尔质量	g/mol	28.96	4.0	28.013	44.009 8
定压比热容	J/(kg · K)	1 006.6	5 193.2	1 041.3	850.9
比热比	—	1.401 8	1.667	1.401 3	1.294 1
动力黏度	Pa · s	18.490 1	19.846	17.804	14.931 8
热导率	W/(m · K)	0.025 9	0.155 3	0.025 8	0.016 6
密度	kg/m³	1.184	0.164	1.145 2	1.808
音速	m/s	346.3	1 016.44	352.07	268.623

从表 2-1 中可以看出,氦气具有密度小、摩尔质量小、导热性能强、气体常数大、比热比大、等熵指数大等特点。氦气的定压比热容大约是空气的 5 倍,这可以使系统在循环工质为空气 1/5 的情况下提供相同的功率;音速较大避免了空气压气机设计时音速对压气机设计

---

① 1 atm = 101 325 Pa

的限制,氦气的导热率大约是空气的 6 倍,二氧化碳的 9 倍,大的导热率可以在较小的换热面积的情况下完成换热,能够大大减小换热器的体积,这对于预冷发动机中的换热循环应用具有重要意义。因此作为预冷循环的换热工质,氦气与空气、二氧化碳和氮气相比,在热力学性质上具有十分明显的优势。

虽然氦气与其他气体相比,具有很多突出的理化性质,但是,氦气的比热容大,在相同的温差下,整个循环的比功率大,压气机所耗的功和透平所做的膨胀功都比其他工质大;气体密度小,因此需要很高的循环压力来增加其密度,增加了压气机的级数,即更难于压缩。氦气压气机、氦气涡轮是吸气式预冷发动机的重要组成部件。解决氦气压气机、氦气涡轮的设计问题,可以为预冷发动机的应用铺平道路。

2.3　超临界氦气压气机设计方法

2.3.1　一维设计

对于多级离心压气机,其级数的选取至关重要,直接关系着压气机各级压比分配是否合理。若级数选取过高,会导致压气机整机的效率降低,轴向长度增加;级数过少,则难以保证整机总压比达标。空气离心压气机由于设计经验丰富,设计者常根据经验对多级压气机的级数进行确定。而国内目前对多级氦气机离心压气的研究较少,缺乏相应的设计经验,只能通过预设计的方式确定压气机的级数。

根据总压比、质量流量、进口总温和总压等给定的参数(表 2-2),在满足强度条件下,对该氦气离心压气机进行一维的预设计,按照传统后弯离心叶轮的设计方式,估算出叶轮的最大单级压比。由给定转速 n 为 40 000 r/min,叶轮出口的圆周速度 $u_2 \leqslant 550$ m/s;根据 $u_2 = 2\pi R_2 \cdot n$ 可以换算出叶轮的出口半径 $R_2 \leqslant 131.37$ mm。按照后弯角为 30° 的一般取值方式进行预设计,得出单级叶轮的最大压比大概为 2。显然,单级压比为 2 是无法满足设计需求的,于是估算出压比为 2 的叶轮出口的总温和总压,近似认为该出口的总温和总压为下一级叶轮的进口条件;再一次进行一维预设计,估算出第二级叶轮的最大压比大约为 1.8。两级的最大总压比 3.6 大于 2.52,且压比余量较多,由此确定该多级氦气离心压气机的级数为 2 级。

表 2-2　氦气压气机设计指标

参数	数值
总压比	2.52
质量流量/(kg/s)	2.47
转速/(r/min)	40 000.00
进口总温/K	120.00
进口总压/MPa	1.50
出口圆周速度/(m/s)	≤550.00

多级离心压气机各级之间的压比分配对整个离心压气机的设计至关重要,在设计过程中合理地分配各级之间的压比,使各级压气机都处于高效率工作范围内,有利于提高压气机整机的性能和效率。确定压气机压比分配的方法有两种,一种是设计者根据自身经验直接给出各级压比,但这对设计者的经验要求很高,缺少相关设计经验者很难合理地把握压比分配的尺度;另一种是通过计算和优化来确定各级的压比,该方法比较烦琐,需要进行大量的迭代计算,但是最终确定的压比分配方案更加合理。在多级离心压气机中,通常第一级叶轮的压比最高,然后各级压比逐级递减。本设计采取计算迭代的方法,从省功的角度分配压比,保证各级压气机都处于高效率的工作状态。迭代计算的流程如图 2-2 所示。

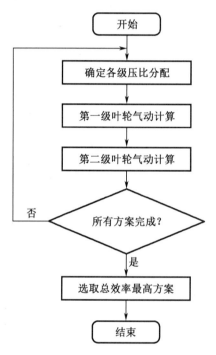

图 2-2　压比分配迭代计算流程图

以两级离心压气机为例,初次迭代时,按照压比为 1:1 的分配方案进行计算,之后每一次迭代第一级压气机都以 0.1 的步长增长进行压比分配,第一次迭代 1.1:1,第二次迭代 1.2:1,第三次迭代 1.3:1……为了降低计算工作量,对每一次各级叶轮的气动计算都进行一维的快速估算,将一级叶轮出口的总温总压近似为第二级叶轮的进口条件。选取所有有效解中整机效率最高的解作为最优解。值得注意的是一维估算存在一定的误差,所以估算出的最优解一般作为一种参考,具体压比可在此结果上进行微调。

经过迭代计算,确定第一级叶轮压比为 1.81,第二级叶轮压比为 1.39。

在多级离心压气机中,离心叶轮作为唯一的旋转做功原件,它的性能对整个压气机的功率和效率以及工作的稳定性至关重要。在结构上,离心叶轮分为闭式叶轮和半开式叶轮。由于半开式叶轮在结构上具有高强度的特点,降低了强度对出口圆周速度的限制,有利于叶轮获得较高的压比,本书选择半开式离心叶轮。图 2-3 为半开式叶轮的结构示意图。

表 2-3 为根据进口总温总压条件所能得到的氦气物性参数。离心叶轮设计思路是在给定的转速、流量、压比以及进口条件下，根据氦气特殊的热物性，通过迭代运算的方式求解叶轮的典型几何参数，具体包括叶轮进出口的尺寸，叶轮叶片进口的气流角度、出口的气流角度和速度等。

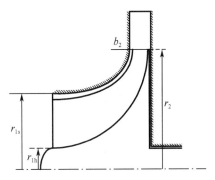

图 2-3　半开式叶轮结构示意图

表 2-3　进口总温总压条件下氦气物性参数表

物性参数	单位	变量
平均摩尔质量	g/mol	M
等熵指数	—	k
气体常数	J/(kg·K)	R
定压比热容	J/(kg·K)	C_p
定容比热容	J/(kg·K)	C_v
黏性系数	μPa·s	μ

首先根据给定的流量和压比以及氦气的物性等条件估算出叶轮进口的几何参数，然后根据公式对叶轮出口尺寸、叶轮效率和功率等进行一维计算，得到初步的设计方案。根据得到的叶轮几何尺寸进行一维设计，将设计结果与公式计算结果进行比对，当误差小于 3% 时即为设计合格，否则调整参数进行设计修正，离心叶轮的设计流程如图 2-4 所示。

离心叶轮进口设计的目的是确定叶轮进口的几何参数，叶轮进口几何参数一般包括进口轮毂半径 r_{1h}、进口轮缘半径 r_{1s}、进口轮毂相对气流角 β_{1h}、进口轮缘相对气流角 β_{1s}。进口设计时，一般应避免气体在叶轮内部出现局部速度过高或者超声速状态，所以对进口尺寸设计时应该注意限制叶轮进口截面的尺寸，一般在预设进口轮毂半径 r_{1h} 时，应考虑进口马赫数的限制。同时为了减少进口的冲击损失，应选取较小的进口相对速度 w_1。一般在进行设计前，需要确定的参数有转速 n、质量流量 m、工作气体在进口条件下的物性(等熵指数 k、气体常数 R、定压比热容 C_p、黏性系数 μ 以及气体的密度 ρ 等)、进口轮毂半径 r_{1h}(或者进口轮毂轮缘半径比 r_{1h}/r_{1s})、进口的总温 T_{01} 和进口总压 P_{01} 等，通常情况下进口轮毂轮缘半径比 r_{1h}/r_{1s} 一般为 0.3~0.4。较小的相对速度 w_1 可以减小分离冲击损失，提高叶轮效率，对于空气压气机，为避免压气机内出现跨音速现象，需要迭代计算求得最小的 w_{1s}。对于氦气压气机,进口的相对速度 w_1 过小,不利于氦气的压缩,为了提高氦气的压缩效率,在对氦气压气机设计时,应满足进口相对马赫数 $Ma_\omega \geq 0.25$,在此条件下迭代计算求得最小的 w_{1s}。

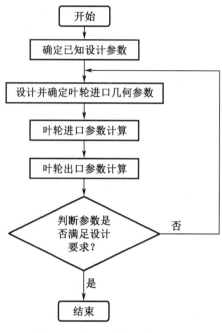

图 2-4　离心叶轮设计流程图

叶轮出口的设计对整个叶轮的功率和效率影响很大,根据欧拉公式可以知道叶轮出口的圆周速度 u_2 越大,叶轮的输出功越多。出口的圆周速度 u_2 只与叶轮的转速 n 和出口半径 r_2 有关,在转速一定的条件下,增大出口半径 r_2 可以增大 u_2 提高叶轮的做功量,但是 r_2 增大的同时会导致叶轮出口的绝对速度增大,较高的出口速度会降低扩压器的效率,因此存在一个最佳 r_2 使得叶轮的效率最高。叶轮的出口几何参数一般包含叶轮的出口半径 r_2、叶轮的出口叶高 b_2 和叶轮的出口安装角 β_{2A}。离心叶轮根据叶轮出口安装角的不同被划分为四种叶轮:前弯式叶轮、径向式叶轮、后弯式叶轮和强后弯式叶轮,这四种叶轮的安装角范围如表 2-4 所示。

表 2-4　离心叶轮分类表

种类	β_{2A} 范围
前弯式叶轮	$\beta_{2A} > 90°$
径向式叶轮	$\beta_{2A} = 90°$
后弯式叶轮	$30° \leq \beta_{2A} < 90°$
强后弯式叶轮	$0° < \beta_{2A} < 30°$

在离心压气机中,应用范围最广的是后弯式叶轮,其次是径向式叶轮,因为气流在后弯式叶轮的流道中速度和压力分布更加均匀,叶片吸力面与压力面逆压梯度较小,流道内二

次流损失相比于径向和前弯式叶轮更小,气流的分离损失低,故后弯式叶轮有着更高的效率。后弯式叶轮的出口速度三角形如图 2-5 所示,图中 β_2 为出口相对气流角,α_2 为出口绝对气流。对于后弯式叶轮的出口叶高 b_2,一般希望在合理范围内,尽可能地选择较大的 b_2 或 b_2/D_2,有利于减少漏气损失和叶轮内部各种流动损失,提高叶轮的效率。通常 b_2/D_2 在 $0.02 \sim 0.065$ 范围内。对于叶轮的出口圆周速度 u_2,应尽可能选取较大的 u_2,这样不仅可以提高叶轮的做功能力,还可以使叶轮所做的功更多地用在提高气体静压上,进而有利于提高叶轮的效率。

图 2-5　后弯式叶轮的出口速度三角形

一般情况下,离心压气机出口气流具有较高的速度,动能占比较大,需要在叶轮出口加装扩压器,对叶轮出口的高速气流进行减速,进而将气流中的动能转换为压力势能。扩压器根据结构上是否加装导流叶片分为有叶扩压器和无叶扩压器。

无叶扩压器主要通过增加直径从而增大进出口面积差来实现对气体的减速扩压,在尺寸上相对有叶扩压器更大。无叶扩压器具有结构简单、变工况性能好、工况范围宽等优点,但是由于流道较长,因而摩擦损失增大,相比有叶扩压器,它的减速扩压效率较低。由于没有叶片,没有冲击损失,无叶扩压器更适合匹配出口绝对速度较大的叶轮。

有叶扩压器与无叶扩压器相比,具有扩压能力强、扩压效率高、径向尺寸小、结构复杂等特点,但是由于有叶片,存在进口冲击和喉部面积,变工况性能较差,工况范围较窄,适合匹配出口绝对速度较小的叶轮。

氦气的 C_p 较大,相同压比所需要的压缩功较大,叶轮出口的圆周速度较大,即氦气离心叶轮出口速度大,所以本设计选择结构更加简单的无叶扩压器。

氦的理化性质十分稳定,在标准大气压下的沸点只有 4.2 K,一般研究范围内,氦气表现出来的性质与理想气体十分接近,所以在扩压器设计过程中,可以先将氦气视为理想气体,再结合实际气体的性质进行调整。理想状态气体可以忽略气体的黏性,即在流动过程中可以不考虑摩擦力的影响。为了简化扩压器设计,将扩压器设计为等宽度扩压器,即 $b_2 = b_3$。

根据连续方程

$$\pi D_2 b_2 C_{2m} = \pi D_3 b_3 C_{3m} \tag{2-1}$$

可得

$$\frac{C_{2m}}{C_{3m}} = \frac{D_3}{D_2} \tag{2-2}$$

根据动量守恒方程

$$C_{2u} r_2 = C_{3u} r_3 \tag{2-3}$$

可得

$$\frac{C_{2m}}{C_{3m}} = \frac{D_3}{D_2} \tag{2-4}$$

结合式(2-2)和式(2-4)可得到：$\tan \alpha_2 = \tan \alpha_3$（即$\alpha_2 = \alpha_3$）。

考虑气体的可压缩性后，根据连续方程可得

$$\frac{C_{2m}}{C_{3m}} = \frac{D_3 \rho_3}{D_2 \rho_2} \qquad (2-5)$$

由于扩压器出口压力更大，$\rho_3 < \rho_2$，考虑密度的变化后，C_m下降得更快。

考虑气体的黏性后，气流沿周向方向的动量不再守恒，随着半径的增加，气体的动量减少，$C_{2u} r_2 > C_{3u} r_3$，即

$$\frac{C_{2u}}{C_{3u}} > \frac{D_3}{D_2}$$

由于C_m和C_u都随半径的增加而降低，所以仍有$\alpha_2 = \alpha_3$。

无叶扩压器的设计主要是确定气流角α和它的进出口几何参数r_3和b_3。

对于采用空气工质的离心压气机，一般$r_3/r_2 = 1.5 \sim 1.7$，具体取值取决于气流角α的大小。若α较大，r_3/r_2的取值应偏小，因为此时气流在扩压器中的流程更长，摩擦损失更大，为减少摩擦损失，提高扩压效率，应降低扩压器的径向长度；若α较小，r_3/r_2的取值应偏大，因为此时气流在扩压器中的流程较短，若不增加扩压器的径向长度，则气流无法进行充分的减速扩压。对于氦气离心压气机，一般叶轮出口的圆周速度较大，出口绝对气流角α_2相比于空气压气机更大，所以为了减少摩擦损失，氦气离心压气机r_3/r_2的取值一般在$1.3 \sim 1.5$。

扩压器出口宽度一般情况下取$b_3 = b_2$，当气流角α过大时，可考虑$b_3 > b_2$。

在离心压气机中，弯道对扩压器出口的气流导流转向，将气流引入回流器中。弯道的设计准则主要有两点：

（1）气流在弯道中流动损失小，效率高；

（2）弯道出口的气流均匀，符合回流器叶片的进气条件。

图2-6为弯道结构示意图，气流在弯道中的流动可分沿回转面的圆周运动和沿子午面方向的径向转弯运动，在弯道中的流动状态分析和扩压器中的分析类似，先假设氦气为理想气体，根据连续方程和动量守恒方程分析出弯道进出口速度和角度的变化，最后再考虑气体的黏性和可压缩性。气流在弯道实际流动的结果为：$C_{3u} > C_{4u}$，$C_{3m} < C_{4m}$，$\alpha_3 < \alpha_4$。

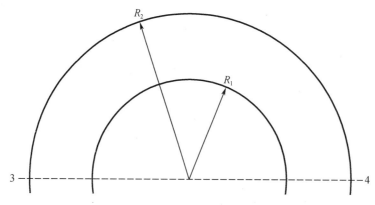

图2-6　弯道结构示意图

弯道的几何设计主要包括弯道出口直径 D_4 和宽度 b_4，以及弯道转弯半径 R_1 和 R_2 的选取。通常取弯道出口直径 $D_4 = D_3$，宽度 $b_4 = b_3$。当流量和扩压器出口宽度 b_3 较小时，可适当增加弯道出口宽度 b_4，用以改善回流器通道内的当量水力直径，减少流动损失。当流量和扩压器出口宽度 b_3 较大时，可适当降低弯道出口宽度 b_4，有利于收敛流动，改善弯道中的转弯流动。弯道转弯半径的选取主要是确定转弯内径 R_1，若 R_1 太大，则会导致压气机轴向尺寸增加，气流在弯道中流程变长，摩擦损失增加；若 R_1 太小，则气流在弯道的气流转折角过大，转弯过急，弯道中气流的分离损失增加。从省功的角度出发确定转弯内径 R_1 的计算公式为

$$R_1 = \left[(7 \sim 14) \sin^2 \alpha_{3-4} - \left(\frac{b_4}{b_3} + 1 \right) / 4 \right] b_4 \qquad (2-6)$$

式中，$\alpha_{3-4} = (\alpha_3 + \alpha_4)/2$。

转弯外径为

$$R_2 = \frac{2R_1 + b_3 + b_4}{2} \qquad (2-7)$$

在离心压气机中，回流器把弯道出口的气流导流到下一级叶轮进口，同时对气流进行整流，调整气流角度，使其符合下一级叶轮的进气需求。对回流器进行设计时，一般不希望气流在回流器中进行加速运动，因为设计扩压器的目的是减速扩压，再到回流器中进行加速减压，在设计层面显得不够合理。为了控制气流在回流器中进行加速，应合理地设计回流器的出口宽度 b_5，增大回流器出口的面积。

回流器的设计相对其他固定件来说比较复杂，主要包括回流器出口直径 D_5、宽度 b_5、叶片的数目、叶片的进口安装角 β_{4A}、出口安装角 β_{5A} 以及叶片的厚度的选取。

不考虑摩擦和分离损失时，气流在回流器中不加速，应该满足出口面积大于等于进口面积，即 $\pi D_4 b_4 \leqslant \pi D_5 b_5$，有

$$b_5 \geqslant \frac{D_4 b_4}{D_5} \qquad (2-8)$$

考虑气流在回流器中的摩擦损失和分离损失后 b_5 可以适当小于临界值。

回流器的出口直径一般参考公式进行计算：

$$D_5 = D_{0\text{II}} + 2\bar{r} b_5 \qquad (2-9)$$

在式（2-9）中，$D_{0\text{II}}$ 为下一级叶轮的进口直径；$\bar{r} = r/b_5$，一般取 $\bar{r} \approx 0.45$；r 为回流器出口外径处的转弯半径；结合式（2-8）和式（2-9），可以估算出回流器出口的直径 D_5 和出口宽度 b_5。

回流器中的叶片数 z_2 一般取 $12 \sim 18$，当然对于一些缺乏设计经验的特殊工质离心压气机，也可以结合叶栅稠度概念进行公式计算：

$$z_2 = \left(\frac{l}{t} \right)_{\text{opt}} \frac{2\pi \left(\dfrac{\beta_{4A}}{\beta_{5A}} \right)}{\ln \left(\dfrac{D_4}{D_5} \right)} \qquad (2-10)$$

式中，$(l/t)_{\text{opt}}$ 为叶栅的最佳稠度，一般 $(l/t)_{\text{opt}} = 2.1 \sim 2.2$。

回流器叶片有等厚度和变厚度两种形式。等厚度设计简单，变厚度可以通过调节叶片

厚度来控制气流在叶栅通道中的流动过程,有利于降低回流器的出口宽度 b_5,叶片厚度可根据设计需求进行选择。

一般认为回流器叶片的进口安装角等于弯道出口的气流角,即 $\beta_{4A} = \alpha_4$。

对于采用空气工质的离心压气机,为了给下一级叶轮提供良好的进气条件,回流器叶片的出口安装角一般取 $\beta_{5A} = 0°$(沿径向方向)。本设计中的氦气压气机,由于叶轮出口圆周速度较大,出口绝对气流角大,在回流器进口的气流角度 α_4 约为 $75°$,若出口安装角取 $0°$,则气流在回流器中的气流转角过大,分离损失严重,效率很低。为控制分离损失,本设计采用了回流器叶片串列的方式,如图 2-7 所示。串列叶片的回流器相比于传统的单列叶片回流器,能够更好地改善气流在回流器中的流动状态,降低气流的分离损失,进而提高压气机的性能。

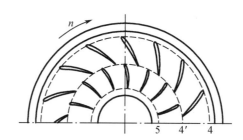

图 2-7 串列叶片回流器结构示意图

常规的多级离心压气机中没有轴向导叶栅,当回流器出口气流角度较大,不符合下一级叶轮的进气需求时,需要在回流器和叶轮间加装轴向导叶栅,对回流器出口的气流进行整流,调整气流的角度。

轴向导叶栅的设计主要参考轴流压气机静叶栅的设计方法,其几何参数主要包括进出口安装角 β_{6A} 和 β_{7A},叶片的轮毂直径 D_5 和轮缘直径 D_6,叶片的弦长 b 和数目 z_3。

轴向导叶栅进口安装角一般近似等于回流器出口的气流角,即 $\beta_{6A} = \alpha_5$。

离心叶轮通常为轴向进气,所以取轴向导叶栅出口安装角 $\beta_{7A} = 0$。

为保证气流的轴向进气,轴向导叶栅的轮毂直径 D_5 和轮缘直径 D_6 均等于下一级离心叶轮的轮毂直径和轮缘直径。

叶片的弦长和数目主要是根据叶片的相对叶高稠度进行确定的。通常稠度 b/t 值越大,对应叶栅的失速裕度越大,但是稠度 b/t 值过大会导致叶栅通道面积减少,促使来流最大马赫数值降低,气流在叶栅内易发生堵塞,所以稠度 b/t 值存在最佳值,不能随意选择。轴流静叶栅在轮毂上的稠度 b/t 值一般取 $1.9\sim2.1$。叶栅的弦长 b 一般根据叶片的相对叶高 l/b 值进行确定,相对叶高 l/b 值过小一般会造成轮缘处的二次流和顶端泄漏损失,所以一般相对叶高 $l/b \geqslant 1.8\sim2.5$,弦长 b 一般不小于 15 mm。确定稠度和弦长后就可以求出沿叶高的相应栅距 t 值,叶片的数目 z 根据公式进行确定:

$$z = \frac{\pi D}{t} \tag{2-11}$$

注意,计算所得叶片数 z 值不一定为整数,需按照叶片数大于等于计算值的原则进行取值。

2.3.2　设计结果

根据前述的压气机级数及压比分配方案,确定该压气机为两级氦气离心压气机,第一级压比约为1.8,第二级压比约为1.4。对压气机进行预设计,发现第一级叶轮出口气流角过大,在保证气流不发生严重分离的条件下,使用两级串列叶片回流器仍无法将气流以均匀轴向的方式送往下一级离心叶轮,所以在回流器出口和第二级离心叶轮间,加装轴向导叶栅用以调整气流方向,使气流满足下一级叶轮的进气条件。最终确立两级氦气压气机各部件的子午排列方式如图2-8所示。

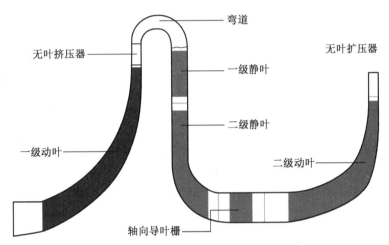

图 2-8　两级氦气离心压气机子午结构示意图

根据离心叶轮的设计公式,结合给定的进口参数和氦气在进口条件下的物性,对离心叶轮的进口和出口进行了设计,一级离心叶轮的部分数据如表2-5所示。

表 2-5　第一级离心叶轮的部分数据

参数	数值	参数	数值
总压比	2.037	出口安装角/(°)	45
进口轮毂半径/mm	20	出口叶高/mm	6.18
进口轮缘半径/mm	40	出口圆周速度/(m/s)	541
主叶片数	9	出口总压/MPa	3.055
分流叶片数	9	出口总温/K	162
出口半径/mm	129.3	出口绝对气流角/(°)	70(与法向夹角)

固定件的几何设计方法在前面已详细介绍,由于扩压器结构相对简单,此处不再对其参数进行介绍。固定件匹配问题是多级离心压气机设计的难点,这里只介绍两级氦气离心压气机中各固定件间的角度匹配。

一级叶轮的出口气流角很大,在弯道中受离心力的作用,气流流速发生变化,导致弯道出口处气体气流角进一步减小。若采用传统的单回流器叶片设计,气流分离现象严重,压气机在大流量工况下易发生堵塞。为控制气流在回流器中的分离损失,同时调整气流角角度,本设计采用两级串列叶片的回流器和轴向导叶栅串联的设计方式,有效地控制了气流分离。各级静叶进出口安装角见表2-6。

表 2-6　各级静叶进出口安装角

参数	一级静叶	二级静叶	轴向导叶栅
进口安装角/(°)	82	73	55
出口安装角/(°)	65	40	10

第一级离心叶轮和各固定元件设计完成后,对压气机第一级进行整级计算,得到第一级整体性能参数表见表2-7。

表 2-7　第一级压气机性能参数表

参数	数值
总压比	1.82
出口总压/MPa	2.74
出口总温/K	162.00

由于轴向导叶栅的出口气流角大约为10°(与轴向夹角),对第二级叶轮进行设计时,可近似为轴向进气。将计算求得轴向导叶栅出口的总温总压作为第二级离心叶轮的进口条件,得到第二级离心叶轮的部分数据见表2-8。

表 2-8　第二级离心叶轮的部分数据表

参数	数值	参数	数值
总压比	1.48	出口安装角/(°)	45.00
进口轮毂半径/mm	25.00	出口叶高/mm	6.26
进口轮缘半径/mm	45.00	出口圆周速度/(m/s)	442.00
主叶片数	9.00	出口总压/MPa	4.02
分流叶片数	9.00	出口总温/K	190.60
出口半径/mm	105.72	出口绝对气流角/(°)	63.00(与法向夹角)

气流从第二级叶轮流出,经过无叶扩压器的减速扩压后被环形收集器收集进入下一级装置。至此两级氦气离心压气机设计完成,其整体性能参数见表2-9,其三维结构示意图如图2-9所示。

表 2-9　二级氦气离心压气机的整机性能参数表

参数	数值
总压比	2.65
质量流量/（kg/s）	2.47
等熵效率/%	80.10
功率/kW	907.80
轴向长度/mm	239.00
径向最大半径/mm	164.00

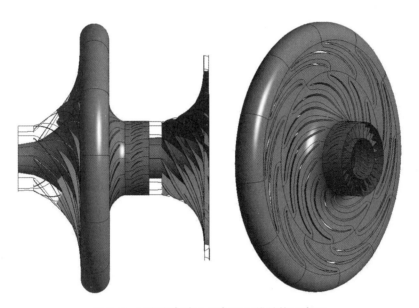

图 2-9　二级氦气离心压气机三维结构示意图

在设计工况点,该两级氦气离心压气机总压比为 2.65,等熵效率为 80.1%,在性能指标上符合设计需求,同时各叶轮出口圆周速度均小于 550 m/s,在叶轮的强度方面也符合给定材料的限制。

衡量压气机的工作性能,需要对其变工况工作能力进行分析,本设计按照设计转速对该压气机进行了变工况计算,计算求得了额定转速下压气机的流量-压比和流量-效率特性曲线(图 2-10)。离心压气机等熵效率的计算公式为

$$\eta^* = \frac{\pi_0^{\frac{k-1}{k}} - 1}{\tau_0 - 1} \qquad (2-12)$$

式中,π_0 和 τ_0 为压气机进出口的总压比和总温比,采用质量流量加权平均的方式对进出口截面的总温和总压进行计算求解。

观察特性曲线可以发现,额定转速下,压气机的流量变工况范围较宽,效率稳定在 79% 左右,其中设计点流量附近的效率最高,符合设计指标要求。从压比特性曲线图可以看出,

随着流量的增加,总压比逐渐下降,且流量越大,压比下降的趋势越大,流量越小,压比上升的幅度越平缓,说明该压气机在低流量工况下,工作性能稳定,在高流量工况下,易发生堵塞。总体来说,该两级氦气压气机的变工况做功能力比较稳定,变工况范围较宽。

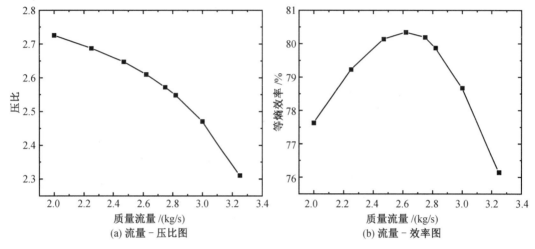

(a) 流量－压比图   (b) 流量－效率图

图 2-10   两级氦气压气机特性曲线图

2.3.3   氦气离心压气机高压比优化

多级离心压气机具有结构复杂、轴向长度大、效率低、变工况条件下稳定做功能力差等特点;预冷发动机对氦气压气机的尺寸以及效率要求较高,常规的多级离心压气机难以满足要求。单级离心压气机相比多级压气机,在尺寸和效率上具有很大优势,简化了结构,方便加工制造。在前述设计的两级氦气离心压气机的基础上,根据氦气的流动特性,本节对高压比氦气离心压气机的气动设计方法进行了研究,将压气机级数由两级缩减至一级。

传统高压离心压气机一般采用提高叶轮出口半径和增加叶片数目的方式进行高压比设计,这样虽能大幅提高叶轮的压比,但会导致叶片强度超标、寿命变短、工作裕度窄以及变工况工作性能差等问题。为了保证叶轮强度达标,提高压气机的使用寿命和变工况性能,本设计在保证叶轮出口半径不超过 131 mm 的基础上,对氦气压气机进行高压比优化设计,根据欧拉方程,从进出口速度三角形优化和叶片分布结构的角度对氦气离心压气机进行高压比优化设计研究。

根据动量矩守恒定理,推导出离心压缩机的基本方程——欧拉方程:

$$W_{th} = c_{2u} u_2 - c_{1u} u_1 \qquad (2-13)$$

式中,W_{th} 表示叶轮对单位质量气体所做的理论功;c_{1u} 和 c_{2u} 分别为气体在叶轮进口和出口的圆周速度;u_1 和 u_2 为叶轮进出口的圆周速度。

绝大多数离心叶轮的进气方式都为轴向进气,本节假定气流为轴向进气,即 $c_{1u} = 0$,所以对于轴向进气的欧拉方程为

$$W_{th} = c_{2u} u_2 \qquad (2-14)$$

考虑到材料的强度因素,设计要求出口圆周速度 $u_2 \leqslant 550$ m/s,本节取最大值,即 $u_2 =$

550 m/s。综上，气流出口的圆周速度决定了叶轮对气体的做功。

对于后弯式叶轮，其气流出口圆周速度可参照图 2-5 后弯叶轮出口速度三角形，即

$$c_{2u} = u_2 - w_2 \cdot \sin\beta_2 \tag{2-15}$$

从式（2-15）中可以看出，在后弯叶轮中，出口安装角 β_{2A} 越小（近似认为 $\beta_2 = \beta_{2A}$），c_{2u} 越大，叶轮的做功越多。

图 2-11 为前弯叶轮出口速度三角形，参照图 2-11，可推出前弯叶轮气流出口圆周速度为

$$c_{2u} = u_2 + w_2 \cdot \sin\beta_2 \tag{2-16}$$

发现在前弯叶轮中，出口安装角 β_{2A} 越大，c_{2u} 越大，叶轮的做功越多。

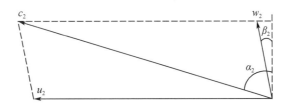

图 2-11　前弯叶轮出口速度三角形

为了方便分析叶轮出口安装角对叶轮做功的影响，作出如下假设：

（1）叶轮的进口参数完全相同，即叶轮中 r_{1s}、r_{1h}、c_1、u_1、w_1、β_{1A} 都相同。

（2）叶轮出口半径和宽度相同，扩压器的进出口半径和宽度相同，流量和转速相同。

（3）叶轮出口相对速度 w_2 方向不同，但大小相同。

此时，前弯叶轮和后弯叶轮的速度三角形对比如图 2-12 所示。前弯叶轮相比于后弯叶轮气流在圆周速度的增量：

$$\Delta c_u = w_2 \cdot \sin\beta_2 \tag{2-17}$$

前弯叶轮相比后弯叶轮的做功增量：

$$\Delta W_{th} = \Delta c_u u_2 = (w_2 \cdot \sin\beta_2 + w_2 \cdot \sin\beta_2') u_2 \tag{2-18}$$

注：这里 β_2 和 β_2' 均为正值。从理论上可以分析出前弯叶轮的做功能力高于后弯叶轮，降低叶轮的出口安装角可以增大叶轮的做功能力。

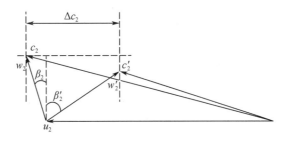

图 2-12　前后弯叶轮速度三角形对比图

为探究叶轮出口安装角对叶轮做功能力的影响，本设计（详细参数见表 2-10）在保证其他条件不变的情况下，改变叶轮出口安装角，对离心叶轮进行一维预设计，得到如下安装

角与压比和压气机功率的曲线图,如图 2-13 所示。为方便图形表示,取出口安装角与叶轮圆周速度方向相反为正,即后弯角度为正,前弯角度为负。

表 2-10　氦气压气机设计参数及部分几何参数

参数	数值
流量/(kg/s)	2.47
进口总温/K	120
进口总压/MPa	1.5
转速/(r/min)	40 000
进口轮毂半径/mm	20
出口半径/mm	131
出口叶高/mm	5
叶片数	8
无叶扩压器出口叶高/mm	165

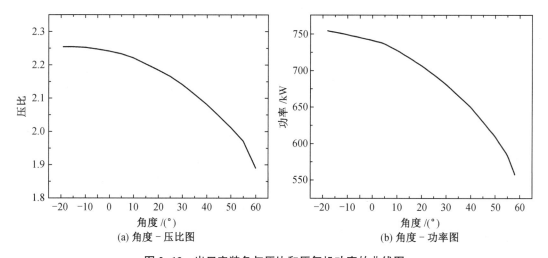

(a) 角度－压比图　　　　　(b) 角度－功率图

图 2-13　出口安装角与压比和压气机功率的曲线图

从图 2-13 中可以看出随着安装角的降低,压气机的压比和功率升高。当安装角在 -15° 左右时,压比上升曲线逐渐趋于平缓而功率上升曲线仍在增加,说明安装角减小到 -15° 左右时,安装角对叶片压比的影响变得很小。此时,前弯 15° 的压气机相对于后弯 50° 压气机压比提升了约 20%。为了进一步研究叶片出口安装角对离心压气机的影响,选取前弯 15°、径向式叶轮以及后弯 20° 和后弯 50° 的叶轮进行更深一步的三维计算。

表 2-11 为三维计算后的压比效率表,其计算结果印证了一维计算的推论:随着叶片出口安装角的增加,叶轮的压比提高但是效率降低,并且在扩压器中的压力损失也随着叶轮出口安装角的增加而降低。前弯叶轮的叶轮压比很高,相比于后弯 50° 的叶轮,前弯 15° 的叶轮压比提高了约 20%,但是其级压比的下降幅度很大。由于扩压器均为无叶扩压器,且

其出口大小相同,所以认为气流在扩压器中的损失可能与气流在叶轮出口的流场有关。

表 2-11　三维计算结果表

参数	前弯 15°	径向 0°	后弯 20°	后弯 50°
总压比	2.227	2.167	2.212	1.942
等熵效率	0.779	0.794	0.826	0.849
叶轮出口压比	2.467	2.362	2.266	2.021
扩压器中压力损失/%	9.73	8.25	6.38	3.96

由式(2-15)和式(2-16)可知,叶轮出口安装角对 c_{2u} 产生显著影响,从而影响了叶轮的做功能力。为了分析出口安装角对叶轮内部做功影响,对叶轮沿流向方向的各截面的总压进行了分析。图 2-14(a)为叶轮子午面沿流线方向 14 个截面示意图,其中 0—2 代表进口段,2—10 代表叶片段,10—13 代表无叶扩压器段,图 2-14(b)为气流在各截面处的总压分布图。从图中可以看出,在进口段,总压几乎不变;在叶片段,由于叶轮旋转做功,气流的总压逐渐升高,从 4 位置处起,出口安装角越小,气流的总压越高;在无叶扩压器段,由于存在整流、摩擦等因素,总压逐渐降低,其中出口安装角越小,总压下降幅度越大。在 10 位置处,各叶轮总压差最大。经过无叶扩压器整流后,15°叶轮在无叶扩压器中的压力损失最大,在 13 位置处,−15°叶轮的总压与其他叶轮差距大幅减小。可见前弯叶轮虽然做功能力很强,但其出口流场较差,在扩压器中损失最大。

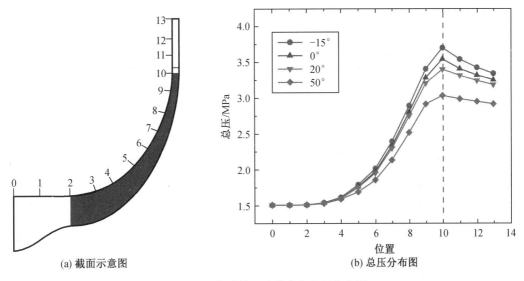

(a) 截面示意图　　　　　　　　　(b) 总压分布图

图 2-14　各叶轮沿流线方向总压分布图

图 2-15 为各叶轮 50%叶高 B2B 面的相对马赫数云图,可以发现氦气在叶轮中的相对马赫数不高,无超声速现象出现,除后弯 50°叶轮外,其他叶轮均在沿流向方向 70%至 80%叶片压力面位置处出现不同程度的分离现象,随着出口安装角的减小,叶片的弯曲曲率增加,气流在此处的转角增大,导致气流分离区域变大。产生损失的根本原因是叶片弯曲曲

率大导致逆压梯度大,流动的扩压度大,边界层内的气流没有足够的动能转化为压力去克服逆压梯度,进而导致分离。在前弯 15°叶轮中,虽然存在较大的分离,但相比径向和后弯 20°叶轮,其分离区域范围增长不大,在合理范围内。对比分析图 2-15 中 4 种不同的安装角 50%叶高相对马赫数云图,可以发现:合理地增大叶轮安装角,可以有效地防止叶片弯曲曲率过大,从而控制气流因曲率过大而产生的分离损失。

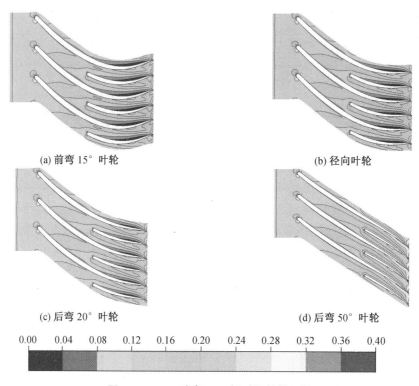

(a) 前弯 15° 叶轮　　　　　　　　　　　(b) 径向叶轮

(c) 后弯 20° 叶轮　　　　　　　　　　　(d) 后弯 50° 叶轮

0.00　0.04　0.08　0.12　0.16　0.20　0.24　0.28　0.32　0.36　0.40

图 2-15　50%叶高 B2B 相对马赫数云图

在氦气离心压气机中存在非常典型的射流尾迹结构,它的形成与气流的分离损失、二次流损失和叶顶间隙掺混损失的形成与发展有密切的联系。图 2-16 为各叶轮 80%叶高 B2B 面的相对马赫数云图,从图中可以看出,叶片吸力面尾缘均存在较大范围的低速区,随着出口安装角的增加,这些低速区范围逐渐减小,在后弯 50°叶轮中基本消失不见。这些低速区是由叶顶间隙泄漏涡和叶片尾缘的射流尾迹掺混所形成的,随着叶轮出口安装角的增加,叶片出口处的曲率逐渐下降,逆压梯度降低,叶片吸力面和压力面的压力差减小,叶片两端压力差引起的叶顶间隙掺混损失减小,导致叶片尾缘的低速区范围减小。由此可见增加叶轮出口安装角可以优化叶轮出口的流场,降低掺混损失。

图 2-17 为叶片子午面方向的相对马赫数云图,观察发现,在叶轮轮毂转弯曲率最大处均有不同程度的低速分离区,但随着出口安装角的增大,这些低速分离区域的范围逐渐减少。这一现象说明气流在轮毂处转弯处发生分离不仅与轮毂处子午型线的曲率有关,还与叶轮出口安装角相关,增大叶轮出口安装角可以减小气流在轮毂转角处的分离。气流在轮毂转角处分离主要受轮毂处子午型线曲率和叶片弯曲曲率的影响,可以采用降低子午型线曲率或增大出口安装角的方式控制气流在轮毂处的分离。在出口安装角较低的叶轮中,叶

片尾缘与机匣附近均出现低速区,结合子午面轴向速度矢量图,可以发现是出口叶顶间隙泄漏涡和射流尾迹结构掺混引起的低速回流区。在前弯 15°叶轮掺混损失引起叶片尾缘 70%叶高以上的区域出现气流回流现象,随着出口安装角增大,掺混现象得到抑制,低速回流区范围逐渐减少,在后弯 50°叶轮出口处回流区基本消失。

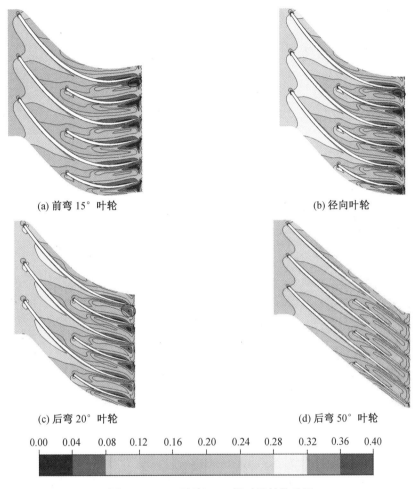

(a) 前弯 15° 叶轮　　　　　　　　　　(b) 径向叶轮

(c) 后弯 20° 叶轮　　　　　　　　　　(d) 后弯 50° 叶轮

0.00　0.04　0.08　0.12　0.16　0.20　0.24　0.28　0.32　0.36　0.40

图 2-16　80%叶高 B2B 相对马赫数云图

　　图 2-18 给出各叶轮出口截面的相对马赫数云图,结合图 2-16,可以发现射流尾迹存在的区域为叶片尾缘吸力面角区和机匣交界处(如图 2-18 中圈出的位置)。结合图 2-14 分析得出,前弯叶轮出口叶顶间隙泄漏涡与射流尾迹掺混现象严重,出口气流混乱不均,在扩压器中的损失最大,后弯 50°叶轮出口气流速度分布均匀,所在扩压器中的损失较小。分流叶片尾缘的低速区域相比主叶片尾缘低速区域更大,这是由分流叶片前缘攻角过大引起尾缘的射流尾迹现象加剧导致。

　　图 2-19 和 2-20 为各叶轮出口气流沿叶高分布的相对气流角图和绝对气流角图(气流角均为与叶轮出口法线的夹角,向右为正)。观察不同后弯角对叶片出口相对气流角分布曲线的影响,可以发现,前弯叶轮约在 65%叶高处出现明显的气流角折转轨迹,径向和后弯 20°的叶轮约在 80%叶高位置出现比较明显的气流角折转轨迹,而后弯 50°叶轮的气流角分

布较为平滑。说明出口安装角越小,在接近叶顶处发生的二次流掺混效应越是强烈,叶顶处发生掺混的范围也越大。观察各叶轮出口的平均相对气流角后发现:除了后弯50°叶轮外,其他叶轮的出口相对气流角与叶轮出口安装角都有明显的偏移现象,且出口安装角越小,出口相对气流角的偏移越大。由于相对气流角的影响,各叶轮出口绝对气流角在叶顶处也均出现了不同程度的气流折转,其中前弯15°叶轮的气流折转现象最为明显。观察叶轮出口的平均绝对气流角,发现改变叶轮出口安装角对叶轮出口的平均绝对气流角影响不大。

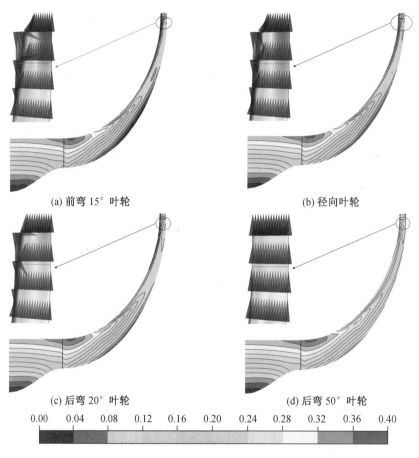

(a) 前弯 15° 叶轮　　　　　　　　　　(b) 径向叶轮

(c) 后弯 20° 叶轮　　　　　　　　　　(d) 后弯 50° 叶轮

0.00　0.04　0.08　0.12　0.16　0.20　0.24　0.28　0.32　0.36　0.40

图 2-17　子午面方向相对马赫数云图

图 2-21 为各压气机的运行特性曲线图,从图中可以看出,单级氦气压气机拥有宽广的工作裕度,且压气机的工作裕度随着出口安装角的增加而增加。在设计点流量附近,前弯15°叶轮的压比和效率随流量变化的波动很小,能够稳定的做功,随着出口安装角的增加,压气机的压比增加,效率降低,压比和效率的变化幅度变大,压气机的做功稳定性变差;在变工况环境中,前弯15°的叶轮与其他三种叶轮相比具有更稳定的工作状态。通过以上特性曲线的分析,可以得出如下结论,采用前弯叶轮的设计方法,能够有效地提高叶轮的单级压比,但是叶轮内部的流动环境较差,在扩压器中的损失较大,压气机的单级效率较低。采用后弯叶轮的设计方法,适当增加叶片出口安装角,可以有效地优化叶片通道内部的流动情

况,改善射流尾迹结构,降低气流在扩压器中的损失,大幅提高压气机的单级效率,但是削弱了叶片的做功能力,降低了叶片的单级压比。在对氦气压气机进行高压比设计时,可以适当减小叶片的出口安装角,以增强叶轮做功能力。

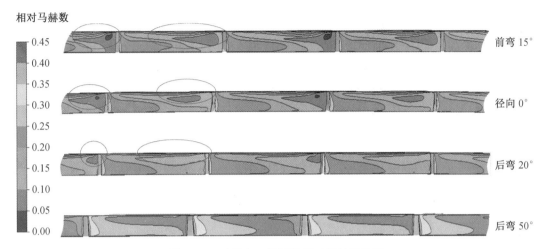

图 2-18　叶轮出口截面的相对马赫数云图

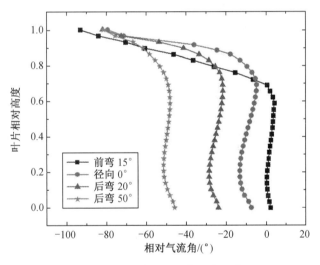

图 2-19　叶轮出口相对气流角分布图

前面从叶轮出口速度三角形的角度分析了出口安装角对叶轮做功的影响,本部分将从进口速度三角形的角度分析改变气流进气的方向对叶轮做功的影响。转速和叶轮几何尺寸一定时,增加叶轮输出功唯一的方法就是进气负预旋,此时欧拉公式可以体现为

$$W_{th} = c_{2u} + |c_{1u}|u_1 \tag{2-19}$$

进气负预旋时,叶轮的进口速度三角形如图 2-22 所示,其中 i 为进气预旋的角度(与 u 同向时为正,图中所示方向 i 为负值)。

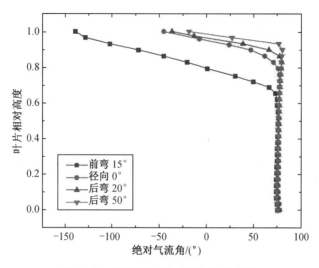

图 2-20　叶轮出口绝对气流角分布图

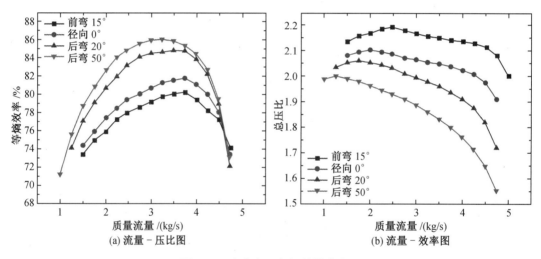

(a) 流量－压比图　　　　　　　　(b) 流量－效率图

图 2-21　各氦气压气机特性曲线图

　　为更清楚地体现进气预旋对叶轮输出功的影响，这里假设叶轮的几何尺寸和转速不变，气流的进气总温总压和流量不变，只改变气流进气的方向。

　　叶轮进口的速度为

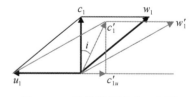

图 2-22　叶轮进口速度三角形

$$c_1 = \frac{\dot{m}}{s_1} \qquad (2-20)$$

式中，$\dot{m}$ 为质量流量；s_1 为叶轮进口的环形面积。

　　由于流量和面积不变，所以进口速度 c_1 不变。

　　此时负预旋进气方式与轴向进气相比叶轮做功的增量为

$$\Delta W_{th} = \left| c'_{1u} u_1 \right| \tag{2-21}$$

气体在叶轮进口的轴向分速度为

$$c_{1u} = c_1 \cdot \sin i \tag{2-22}$$

负预旋进气条件下,预旋角度为 i 的叶轮的输出功为

$$W_{th} = c_{2u} u_2 + c_1 \cdot \sin \left| i \right| \cdot u_1 \tag{2-23}$$

由此可以得出:负预旋进气条件下,预旋角度 $\left| i \right|$ 越大,则进口周向分速度 $\left| c'_{1u} \right|$ 越大,叶轮的做功越大。

一般情况下,离心叶轮进口处的气流均为轴向进气,若想改变进气的方向,需要在离心叶轮前加一个诱导轮,通过调节诱导轮的出口安装角,来控制气流进气方向。为了准确地研究进气预旋对叶轮的影响,结合实际情况,在离心叶轮前进行加装诱导轮,保证离心叶轮和诱导轮几何尺寸不变,仅改变诱导轮出口安装角,对整体压气机进行数值模拟计算,带诱导轮的压气机子午面示意图如图 2-23 所示。

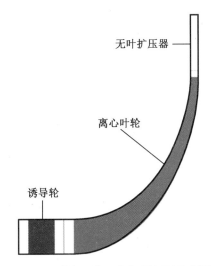

图 2-23　进气预旋压气机子午面示意图

规定诱导轮出口安装角 θ 为叶轮尾缘切线与法线夹角,与叶轮旋转方向相同为正,相反为负。分别取 θ 为 $+5°$、$0°$、$-5°$、$-10°$、$-15°$、$-20°$、$-25°$、$-30°$ 和 $-35°$ 对预旋压气机进行 CFD 仿真计算,计算求得压比和效率变化分别如图 2-24 和图 2-25 所示。从图中可以看出压气机的压比随着预旋角度的降低而增加,这与理论推导的结果相符,但是随着预旋角度的降低,压比增加的幅度逐渐趋于平缓,在预旋角度 $-30°$ 后,压比增长的趋势几乎为零。图 2-25 中,在预旋角度为 $0°$ 时效率最大,随着预旋角度的降低,效率降低且降低的幅度加剧,在 $-30°$ 后效率下降的趋势大幅度增加。结合图 2-24 和图 2-25 分析可知,预旋角度不是越低越好,而是存在一个最佳值使压比和效率都最大程度符合要求。$-30°$ 和 $0°$ 的压比及效率在图中是最具有代表性的点,为了详细分析负预旋对压气机内部流场的影响,本节选取预旋角度为 $0°$、$-15°$ 和 $-30°$ 的压气机进行流动分析。

图 2-26 给出了离心叶轮进口截面的相对马赫数云图,从图中可以看出各叶轮进口相对马赫数分布相对均匀,无超声速区域,符合离心叶轮进口的设计要求。图中 $-15°$ 和 $-30°$

叶片吸力面近机匣处出现部分高速区域,且随着预旋角度的减小,加速区域增大;结合图2-27 B2B截面叶片前缘的相对马赫数云图分析,随着预旋角度的减小,叶片进口的驻点向压力面侧偏移,由于吸力面处压力小于叶片压力面,部分气流顺着压力差从驻点开始向吸力面做绕流加速运动,所以导致叶片前缘吸力面处的流速较高。虽然负预旋会导致叶片前缘吸力面气流加速,但氦气的临界音速非常高,不会出现跨音速引起的激波扰流现象。

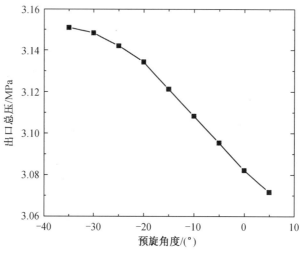

图 2-24　预旋压比变化图

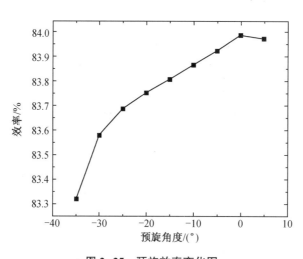

图 2-25　预旋效率变化图

图 2-27为预旋离心压气机50%叶高B2B截面相对马赫数云图。从图中可以看出,诱导轮尾缘和叶片压力面70%~80%位置处均出现低速区域,随着预旋角度的降低,叶片吸力面处的分离低速区范围降低,在图2-27(c)中分流叶片压力面的低速区已基本消失,说明负预旋可以降低气流在叶片压力面的分离损失。在图2-27(b)(c)中,叶轮沿流向方向70%~100%通道内出现了圈状的低速区,且随着预旋角度的降低,圈状低速区域面积增大。出现这种现象的原因是过大的预旋角度打破了流道内压力差和速度差的平衡,进而在叶轮

通道内产生轴向涡流,严重的轴向涡流会引起压气机堵塞,所以应控制负预旋角度的选取。空气压气机在进行诱导轮设计时,一般需要控制诱导轮的半径和偏转角度,目的是降低轮缘处的马赫数,防止局部马赫数超过 1 而产生激波,激波的存在会加剧气流在边界层的分离,进而引起二次流损失。氦气的临界声速为 1 016.44 m/s,是空气的 3 倍,很难出现超声速现象,所以在氦气诱导轮的设计中无须考虑超声速状况,简化了设计难度。在氦气诱导轮设计过程中,需要考虑叶轮从失速点到堵塞点的范围,对无叶扩压器的离心压气机而言,堵塞流量是由诱导轮的喉部面积决定的,对于给定进口角度的诱导轮来说,喉部面积主要受到出口安装角度的影响,出口安装角度的绝对值越小,喉部面积越大,所以在叶轮进行负预旋设计时,不能盲目地增加负预旋的角度。

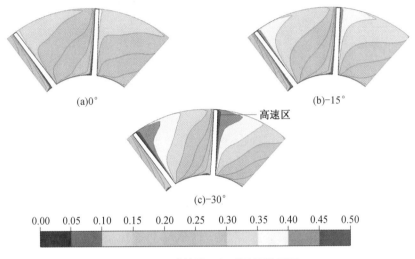

图 2-26　叶轮进口相对马赫数云图

图 2-28 为不同预旋角度压气机对应的进口相对马赫数沿叶高分布图,叶轮进口的相对速度是由气流在进口的绝对速度和叶轮的圆周速度决定的,当转速不变时,相对速度的大小可以从侧面体现 c_{1u} 的大小,即 w_1 越大,c_{1u} 越大。从图中可以看出,叶轮进口的相对马赫数在轮毂处最低,随着叶高的增加,叶轮圆周速度增加,对应位置的相对马赫数增加。压气机的效率受叶轮进口马赫数的影响,结合图 2-28 和图 2-24 可知,随着负预旋角度的增加,叶轮进口的相对马赫数整体增加,气体在进口损失增加,叶轮效率降低。

叶片的载荷分布一般由叶片的静压分布进行表征,通过叶片静压系数的分布曲线可以衡量叶轮对气体的做功能力。图 2-29 给出了不同预旋角度叶轮主叶片和子叶片的载荷分布图,从图中可以看出气流流过叶尖时在叶片前缘处发生分流,导致叶片压力面的速度相比吸力面偏小,进而导致叶片前缘吸力面静压下降,压力面静压上升。观察整个静压分布图,发现随着负预旋角度的增加,叶片吸力面和压力面的静压系数都在逐渐递增,叶片的做功能力也随之增加,所以增加负预旋角度可以提高叶轮对气体的做功能力。

图 2-30 给出了离心叶轮进出口绝对和相对气流角度沿叶高分布的散点图,观察图 2-30(a),预旋角度 -15° 叶轮的平均绝对气流角约为 -11°,存在 4° 的偏移,预旋角度 -30° 叶轮的平均绝对气流角约为 -22°,存在 8° 的偏移,可见改变诱导轮的出口安装角并不能准确控

制气流的预旋角度,随着预旋角度绝对值的增大,诱导轮出口气流的偏移现象越发严重,但是在小角度的预旋调整,其出口气流的准确度还是可以满足要求的。随着预旋角度的降低,进口相对气流角受绝对气流角的影响逐渐向下偏移。进口相对气流角在轮毂向轮缘处逐渐呈规律性减小,这是由于转速一定,轮缘处的圆周速度大于轮毂处,而气流的进气速度和方向一定,所以只能以增大相对气流角的方向维持绝对速度的稳定,此处角度的大小指角度的绝对值。

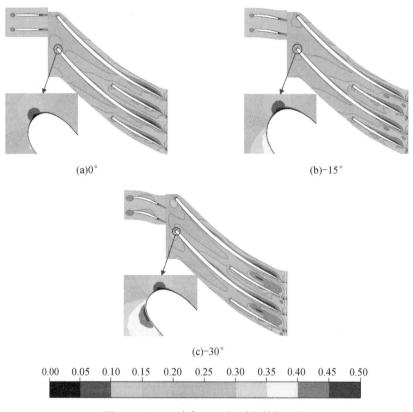

(a)0°   (b)−15°

(c)−30°

```
0.00  0.05  0.10  0.15  0.20  0.25  0.30  0.35  0.40  0.45  0.50
```

图 2-27　50%叶高 B2B 相对马赫数云图

观察图 2-30(b),预旋对叶轮绝对出口气流角的大小基本没有影响,但是随着负预旋角度的增加,绝对气流角突降的位置提前,说明负预旋角度过大,会引起叶轮出口叶顶位置的间隙泄漏和尾迹射流的掺混范围加大,损失加剧。

图 2-31 为不同负预旋角度的离心压气机在设计转速下的变工况特性曲线,从图 2-31(a)中可以看出,叶轮的压比随着流量的增加而降低,随着负预旋角度的增加,压比降低的幅度减小。在低流量工况环境下,负预旋对叶轮的做功影响不大,随着流量的增加,进口气流的 c_{1u} 增加,负预旋叶轮做功能力影响越大,压比增量越大。从图 2-31(b)中可以看出,在低流量工况环境下,负预旋对叶轮效率的影响不大。随着负预旋角度的增加,叶轮效率最高点逐渐向右偏移,在高流量工况环境下,负预旋角度越大,叶轮的效率越大。从工作裕度的角度看,随着负预旋角度增加,叶轮的工作裕度逐渐增加。

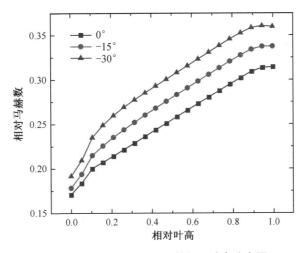

图 2-28　叶轮进口相对马赫数沿叶高分布图

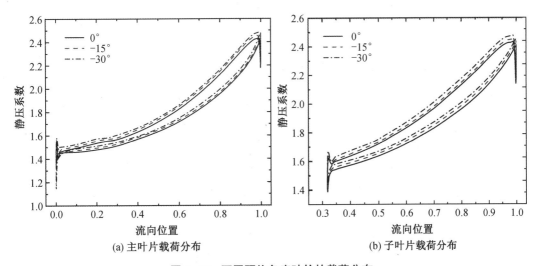

（a）主叶片载荷分布　　　　　　　（b）子叶片载荷分布

图 2-29　不同预旋角度叶轮的载荷分布

　　综上分析,离心压气机进口负预旋可以增加叶轮的输出功,但是负预旋的角度需要控制,不能选取过大,一般不能超过 30°,否则会引起压气机效率降低、堵塞等现象。

　　理想状态下,假设叶轮出口有无数个叶片,此时气流在叶片出口的流动方向和叶片出口安装角的几何方向一致。在实际流动过程中,出口叶片数目有限,在叶轮出口处气流和叶片间存在滑移现象,导致叶轮出口气流的流动方向和叶片出口的几何方向并不相同。滑移现象的产生主要是叶轮出口叶片间的栅距太大,导致叶轮出口处产生了轴向涡流,轴向涡流的存在改变了叶轮回转面流道内的相对速度分布,进而使叶片出口气流角小于叶片的安装角。图 2-32 为考虑滑移情况下后弯叶轮出口的速度三角形,其中下角标“∞”表示理想状态下气流的方向。

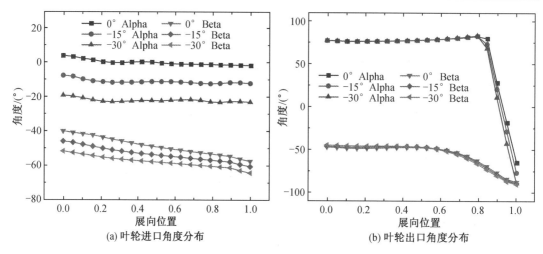

(a) 叶轮进口角度分布   (b) 叶轮出口角度分布

图 2-30 叶轮进出口气流角度沿叶高分布图

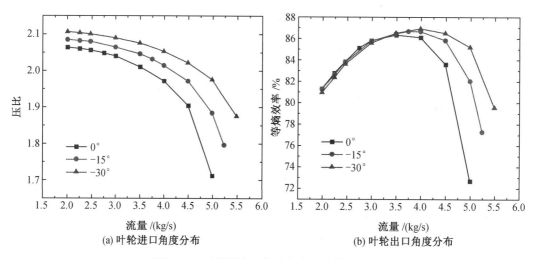

(a) 叶轮进口角度分布   (b) 叶轮出口角度分布

图 2-31 叶轮进出口气流角度沿叶高分布图

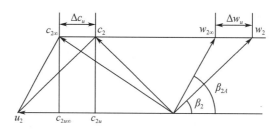

图 2-32 考虑滑移情况下后弯叶轮出口的速度三角形

从图 2-32 中可以看出，滑移现象使得 $\beta_2 < \beta_{2A}$，$c_{2u} < c_{2u\infty}$，进而导致了叶轮对气体的做功能力低于预期的做功能力，其中圆周速度的降低量 $\Delta c_u = \Delta w_u$ 被称为滑移速度。定义滑移因子为

$$\mu = 1 - \frac{\Delta C_u}{u_2} = 1 - \frac{C_{u2\infty} - C_{u2}}{u_2} \tag{2-24}$$

根据欧拉公式,想要求得叶轮对气体的实际做功能力就要求出 c_{2u},计算 c_{2u} 的关键在于解决滑移速度 Δc_u 的计算。

斯陀道拉(Stodola)为了简化计算的过程,做出如下假设:

(1)忽略气体的黏性,对于无黏气体,为了保持无黏流动状态,必然在叶轮出口处形成与叶轮旋转方向相反的轴向涡。

(2)将叶轮流道内的流动看作一维流动,则叶轮出口处气流参数均匀。

简化后斯陀道拉推导出了滑移因子 μ 和滑移速度 Δc_u 的计算公式:

$$\Delta c_u = \frac{u_2 \pi \sin \beta_{2A}}{z} \tag{2-25}$$

$$\mu = 1 - \frac{\pi \cos \beta_{2A}}{z} \tag{2-26}$$

斯陀道拉公式是在一定假设条件下得出的,因此与实际值存在一定误差,但在后弯式叶轮中仍可近似应用。

对于径向式叶轮,斯坦尼兹给出了计算滑移因子的公式:

$$\mu = 1 - \frac{0.63\pi}{z} \tag{2-27}$$

对于前弯式叶轮,由于叶片尾缘转角较大,出口流场气流分布相对不均,气流的偏移较大,再加上前弯式叶轮的使用频率不高,没有给出计算滑移系数的通用公式。但是根据设计经验,滑移系数与叶轮的叶片数成正比,叶片数越多,滑移因子越大,气流在叶轮出口的实际 c_{2u} 越大,叶轮对气体做功能力越强。

对于高压比氦气离心压气机,其出口半径与进口半径的比值较大,叶轮出口处叶片间的栅距较大,若采用传统增加主叶片数目的方式抑制叶轮出口气流的偏移,可能会使进口叶片数过多进而导致压气机堵塞。采用分流叶片的方式既可以有效降低叶轮出口叶片间的栅距,还可以预防压气机的堵塞,但分流叶片常用单分流叶片和双分流叶片两种方式,为探究前弯高压比离心压气机分流叶片的布置方式,本节将对无分流叶片、单分流叶片和双分流叶片三种形式的叶轮进行数值模拟分析。

在图 2-13 中前弯 10°的离心叶轮是一个特殊点。因为当出口安装角度降低至前弯 10°时,压比的增长幅度急剧下降。故本节对前弯 10°的离心叶轮进行数值模拟,采用控制变量法,仅改变分流叶片的数目,分别对无分流叶片、单分流叶片和双分流叶片三种形式的离心叶轮进行分析。

上述三种前弯式叶轮均采用 9 个主分流叶片,其他设计的几何参数与表 2-10 相同。表 2-12 为三维计算后的叶轮做功能力表(按压比计算),从叶轮出口的角度来看,三者做功差距不是非常大,从单分流叶片到双分流叶片,叶轮出口压力增加了 0.182 MPa,而无分流到单分流叶轮出口压力增加了 0.384 MPa,从扩压器出口压力的角度看,三者做功差距很大,可以看出在扩压器中无分流叶片的叶轮总压损失了 7.21%,而双分流叶片在扩压器中总压仅损失了 4.25%。由此可见增加分流叶片,叶轮对气体的做功能力增加,但不是分流叶片数目增加得越多,压气机对气体做功能力增量越大,这还与气流在扩压器中的损失有关。

表 2-12　三维计算出口压力分布表

参数	无分流叶片	单分流叶片	双分流叶片
叶轮出口压力(MPa)/压比	3.271/2.181	3.655/2.437	3.837/2.558
扩压器出口压力(MPa)/压比	3.035/2.023	3.442/2.295	3.674/2.449
扩压器压力损失(MPa)/百分比(%)	0.236/7.21	0.213/5.83	0.163/4.25

　　图 2-33(b)为各叶轮在图 2-33(a)截面位置中的总压分布图,从图中可以看出,三种叶轮在位置 6 以前,总压几乎相同,在位置 6 之后,双分流叶片叶轮的做功能力更强,在叶轮出口的压比更高。在无叶扩压器段,由于扩压器的整流作用和摩擦的影响,气流的总压呈下降趋势,其中无分流叶片离心叶轮的总压下降趋势最大,双分流叶片总压下降趋势最小。由此可以推测出无分流叶片叶轮出口的流场很差,所以在扩压器中整流时,压损较大。

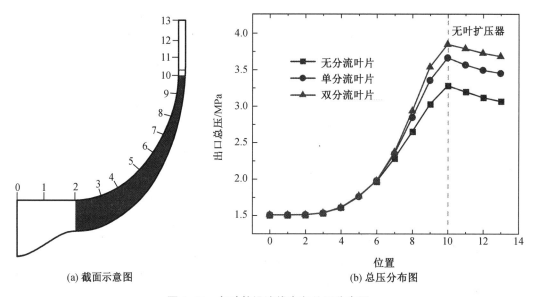

(a) 截面示意图　　　　　　　　(b) 总压分布图

图 2-33　各叶轮沿流线方向总压分布图

　　图 2-34 给出了各叶轮 B2B 截面相对马赫数云图,在无分流叶片的叶轮中,叶片压力面气流转角最大处存在非常严重的分离损失,并且在叶轮出口吸力面尾缘角区几乎全叶高均出现较大范围的射流尾迹结构。在单分流叶片的叶轮中,叶片压力面气流转角最大处仍存在分离区域,但其分布范围大幅降低;叶轮出口吸力面尾缘角区在全叶高处仍存在射流尾迹结构,但相比无分流叶片,其范围有所减小。在双分流叶片的叶轮中,除了在低叶高近轮毂转角处出现气流与轮毂的相对明显分离损失外,叶片压力面气流转角最大处气流的分离损失几乎消失,在 80%叶高后,叶轮尾缘吸力面角区才开始出现小范围的射流尾迹结构。说明对前弯叶轮采用双分流叶片的形式能够有效地控制分离损失和射流尾迹结构,优化叶轮内部流场。

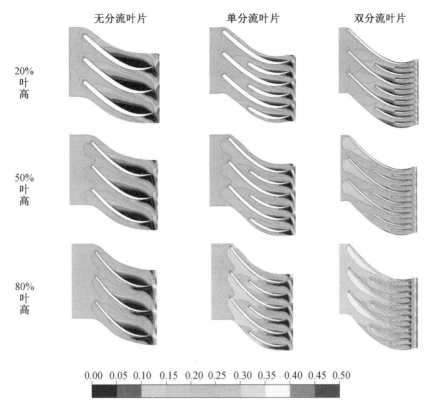

图 2-34　各叶轮 B2B 相对马赫数云图

　　图 2-35 为各叶轮子午面相对马赫数分布云图,观察云图发现,随着分流叶片数目的增加,气流在轮毂大曲率转角处的低速区范围明显增加(如图中圈出部分),这些低速区是轮毂转弯曲率过大引起的分离损失,增加分流叶片会加剧这一损失的形成。对比分析上述三种叶片,发现增加分流叶片可以抑制气流在叶片大曲率转角处的分离损失,有效控制气流的射流尾迹结构,但会引起气流在轮毂大曲率转角处的分离损失加剧。

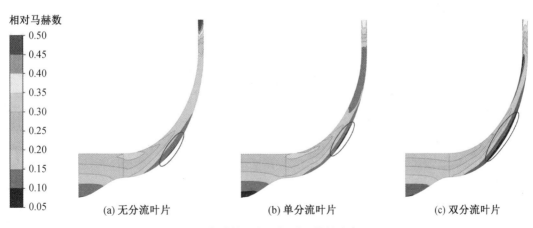

图 2-35　各叶轮子午面相对马赫数分布云图

图 2-36 为各离心叶轮主叶片 50%叶高的载荷分布图,从图中发现,双分流叶片叶轮的主叶片载荷最小,单分流离心叶轮次之。分流叶片数目增加,主叶片压力面静压几乎不发生变化,吸力面中后段静压随着分流叶片数目的增加而增加。采用双分流叶片后,叶片数目的增加使得主叶片主要做功区域载荷降低。分流叶片能够分担主叶片载荷,有助于改善叶轮的载荷分布和提高其可靠性。

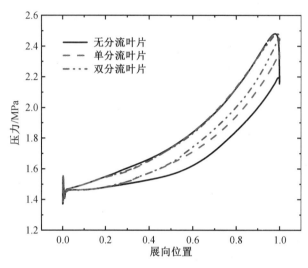

图 2-36　各叶轮 50%叶高载荷分布图

三种叶轮出口的相对气流角和绝对气流角沿叶高的分布图如图 2-37 所示,在相对气流角的分布图中可以看出,无分流叶片的相对气流角在-30°左右,与叶轮出口安装角约有40°的偏移角度;单分流叶片的相对气流角在-10°左右,与叶轮出口安装角约有 20°的偏移角度;双分流叶片的相对气流角基本在 6°左右徘徊,与叶轮出口安装角约有 4°的偏移角度。图示的结果印证了前面的理论推导,增加分流叶片的数目,可以降低气流与出口安装角的偏移角度,提高叶轮的滑移因子,进而增大气流出口沿圆周方向的速度,提高了叶轮对气体的实际做功能力。在图 2-37(b)中,可以清楚地观察到叶轮出口绝对气流角沿叶高的分布情况,可以发现分流叶片越少,气流的绝对气流角越低且气流的角度分布越不稳定,在无分流叶片叶轮中,出口绝对气流角约在 50%叶高后就开始出现回流现象,在单分流叶片叶轮中,约在 70%叶高后出现回流,而在双分流叶片的叶轮中在 80%叶高后出现回流现象,且其绝对气流角分布更均匀。

综上分析,采用双分流叶片的形式对前弯叶轮进行设计,不仅能有效提高叶轮出口滑移因子,控制气流的滑移,提高叶轮做功能力,还可以优化叶轮内部流场,使叶轮出口气流更加均匀,降低气流在扩压器中的损失,提高压气机的效率。

对于高压比氦气离心压气机,采用双分流叶片的叶轮布置形式能够有效地控制气流在叶轮出口的滑移现象,提高叶轮对气体的做功量,但是不同长度的分流叶片对离心压气机会产生不同的影响。若分流叶片过短,其起到的分流作用过小,就不能有效改善叶轮内部的流动状况;若分流叶片过长,气流与叶片表面的摩擦损失增大,则可能导致压气机进口气流出现堵塞现象。本部分以某前弯 10°双分流氦气离心压气机为模型,通过数值模拟方式探究分流叶片长度对氦气离心压气机性能的影响。

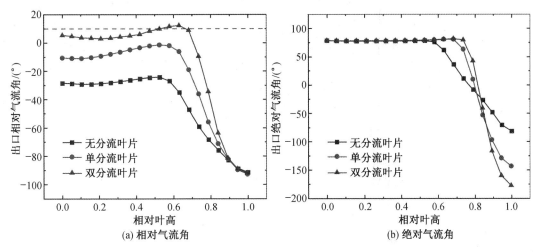

(a) 相对气流角　　　　　　　　(b) 绝对气流角

图 2-37　各叶轮出口角度分布图

为方便研究,规定 l_1 为主叶片子午面长度,l_2 为分流叶片子午面长度,定义分流叶片长度系数 $L=(l_2/l_1)\cdot 100\%$,当 $L=0$ 时分流叶片长度为 0,当 $L=100$ 时分流叶片长度与主叶片相同。

双分流叶片离心叶轮的分流叶片数目较多,统一研究较为复杂,本部分采用控制变量法,先对一级分流叶片的长度进行研究,确定一级分流叶片长度的最佳值后,再对二级分流叶片的长度进行研究。

图 2-38 为对不同一级分流叶片长度的离心叶轮进行三维计算得到的长度-压比图和长度-效率图。从图中可以发现,随着长度系数 L 的增加,压气机压比和效率均呈现先增加后降低的趋势,当 L 在 55~65 之间时,压气机的压比位于最高范围内,当 L 在 60~70 范围内时,压气机的效率位于高效率范围内。且当 $L=65$ 时,压气机效率最高。由此可以初步判定一级分流叶片长度 $L=65$ 时,压气机的性能最优。

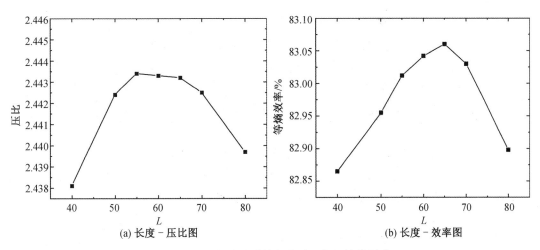

(a) 长度-压比图　　　　　　　　(b) 长度-效率图

图 2-38　一级分流叶片长度对压气机性能影响

为探究一级分流叶片长度对压气机性能影响的原因,本部分对一级分流叶片长度系数 L 分别为 50、65 和 80 离心叶轮的内部流场进行分析。图 2-39 为各叶轮 50%叶高 B2B 截面的相对马赫数分布云图,可以发现图 2-39(a)中主叶片压力面处由分离损失产生的低速分离区域很大,随着一级分流叶片长度的增加,主叶片压力面的低速分离区域急剧减小。但是从 $L=60$ 叶轮到 $L=80$ 叶轮中,主叶片压力面的低速区域变化不大。由此可以得出:适当增加一级分流叶片的长度,可以有效抑制气流在主叶片大曲率处的分离,减小低速区域的面积,增大主流区的面积,使得叶片通道内的流场更加均匀。

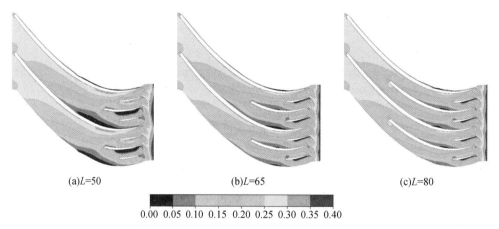

(a)$L=50$ (b)$L=65$ (c)$L=80$

0.00 0.05 0.10 0.15 0.20 0.25 0.30 0.35 0.40

图 2-39   50%叶高 B2B 截面相对马赫数分布云图

图 2-40 为各叶轮 50%叶高 B2B 截面载荷分布图,在图 2-40(a)中,分流叶片的吸力面的静压与主叶片吸力面静压差距较大,且分流叶片自身静压分布不均匀,随着一级分流叶片长度的增加,分流叶片吸力面的静压与主叶片吸力面静压差逐渐减少,在 $L=80$ 的叶轮中,吸力面的静压差几乎为零。并且随着 L 的增加,主叶片压力面与吸力面的静压差降低,分流叶片压力面与吸力面的静压差增加,分流叶片自身的静压分布也更加均匀。由此可以看出,增加分流叶片的长度,可以增加叶片自身的载荷,减小主叶片的载荷,使叶轮的整体载荷分布更加均匀。

图 2-41 为各叶轮出口相对气流角沿叶高分布图,从图中可以看出叶轮出口相对气流角在近叶顶处均出现了大幅度的下降,这是叶顶间隙涡与射流尾迹掺混所引起气流回流的现象,在图中表现为气流角度的大幅下降。在 $L=50$ 的叶轮中,掺混引起气流回流的范围较大,随着 L 的增加,回流范围降低,但 $L=65$ 和 $L=80$ 叶轮出口的掺混范围相差不大,可见分流叶片过短,分流作用不明显,适度增加分流叶片的长度,可以抑制叶轮出口处叶顶间隙涡与射流尾迹掺混现象。

综上分析,发现增加一级分流叶片长度可以优化叶轮内部流场,降低分离损失和叶轮出口的掺混损失,但是随着分流叶片长度的增加,气流与叶片摩擦损失逐渐增大,会导致叶轮效率的降低,结合图 2-38 分析,在双分流氦气离心叶轮中,取一级分流叶片长度 $L=65$ 时,压气机的性能最优。

通过前文研究,确定了一级分流叶片的最佳长度为 $L=65$,在此基础上,改变二级分流叶片的长度(一般二级分流叶片长度应小于一级分流叶片)进行三维数值计算,得到不同二级分流叶片长度的压气机性能曲线,如图 2-42 所示。在图 2-42(a)中,随着二级分流叶片长度的增加,压比先增加后降低,当 $L=50$ 时,压气机的压比最高;在图 2-42(b)中,随着二级分流叶片的增加,压气机效率先增加后降低,当 L 在 $40\sim55$ 范围内时,效率处于最高范围内。由此可见, $L=50$ 的叶轮具有较高的压比和效率,于是选取 $L=50$ 作为二级分流叶片的最佳长度值。为探究二级分流叶片长度对压气机性能影响的原因,对二级分流叶片长度系数 L 分别为 20、50 和 60 离心叶轮的内部流场进行分析。

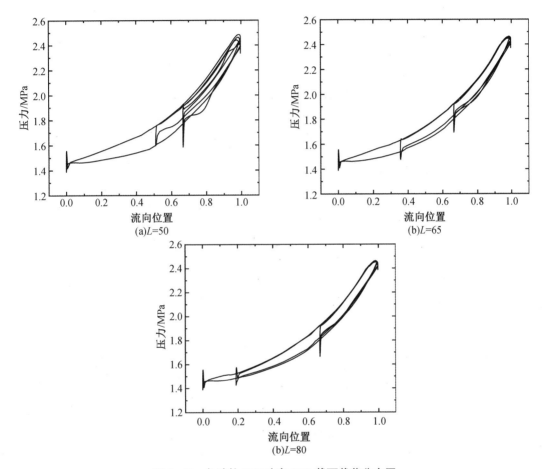

图 2-40　各叶轮 50%叶高 B2B 截面载荷分布图

　　图 2-43 为各叶轮 50%叶高 B2B 截面的相对马赫数分布云图,在图 2-43(a)和图 2-43(b)中,主叶片和一级分流叶片压力面存在由边界层分离引起的低速区,二级分流叶片压力面也存在由分流不均引起的低速区。随着二级分流叶片长度的增加,低速区范围减小,在 $L=60$ 的叶轮中,低速区域几乎消失。由此可见,增加二级分流叶片的长度,可以有效地控制气流在主叶片和一级分流叶片中的分离损失,同时增加自身分流作用。但采用过长的二级分流叶片并不能提高压比,反而会造成压气机性能下降,如图 2-43(c)所示,这是由于分流叶片过长使压气机进口区域变窄,气流速度增加,同时与气体接触的壁面面积增加,摩擦损失上升。

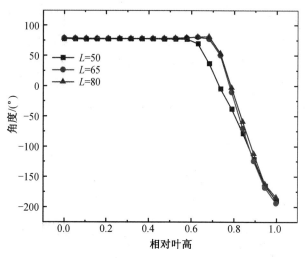

图 2-41 各叶轮出口相对气流角沿叶高分布图

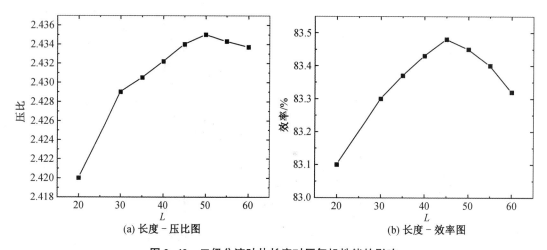

(a) 长度－压比图

(b) 长度－效率图

图 2-42 二级分流叶片长度对压气机性能的影响

图 2-44 为各叶轮出口截面的相对马赫数云图,可以发现在叶片出口吸力面与机匣交接处均存在大范围的低速区域,这些低速区域是由叶顶间隙泄漏涡和射流尾迹掺混引起气流回流所导致的。随着二级分流叶片长度的增加,这些低速区的范围逐渐减小。可见增加二级分流叶片长度,可以抑制叶轮尾缘的掺混现象。

综上分析可以发现,增加二级分流叶片长度,可以控制气流在主叶片和一级分流叶片中的分离损失,抑制叶轮尾缘的掺混现象,但不能过度地增加分流叶片的长度,否则会导致摩擦损失增加,造成压气机性能下降。在双分流氦气离心叶轮中,取二级分流叶片长度 $L=50$,压气机的性能最优。

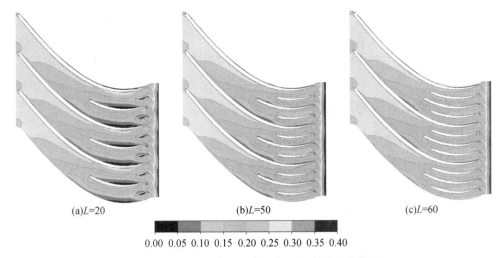

(a)L=20　　　　　　　　(b)L=50　　　　　　　　(c)L=60

0.00　0.05　0.10　0.15　0.20　0.25　0.30　0.35　0.40

图 2-43　50%叶高 B2B 截面相对马赫数分布云图

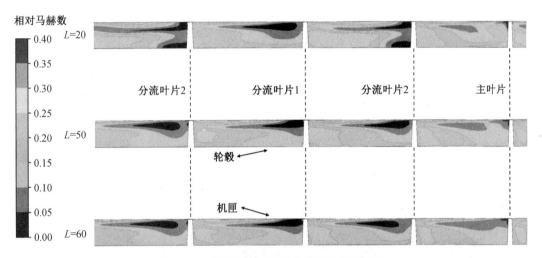

图 2-44　各叶轮出口截面的相对马赫数云图

2.4　超临界氦气涡轮设计方法

　　本节主要针对某预冷发动机氦气涡轮进行设计,使得此氦气涡轮在满足负载耗功需求的同时效率最高,研究设计参数流量系数、载荷系数、反动度等对氦气涡轮气动性能的影响,并通过分析氦气涡轮内部流动,发现导致氦气涡轮效率偏低的主要原因,为氦气涡轮设计及优化提供指导。

　　氦气涡轮的设计指标如表 2-13 所示。

表 2-13　氦气涡轮设计指标

质量流量/(kg/s)	进口总压/MPa	进口总温/K	膨胀比	转速/(r/min)	形式
2.47	2.63	800	1.47	30 000	轴流

2.4.1　一维设计参数的选取

本节对高负荷氦气涡轮进行气动设计,在一维设计中选取进口总温、总压、出口静压,进口、出口气流角的设计模式,工质选取为理想氦气,初步设计采用流量系数+载荷系数的设计模式。涡轮效率与载荷系数、流量系数、反动度、级数密切相关,选取合适的设计参数对提高氦气涡轮效率具有重要意义,该公式如下:

$$\eta = \frac{2H_a}{2H_a + (1/\phi_s^2 - 1) \cdot K_a^2 \cdot \phi_a^2 \cdot A + (1/\phi_r^2 - 1) \cdot \left[(\Omega + H_a/2)^2 + \phi_a^2 \right]} \tag{2-28}$$

式中,H_a 为载荷系数;ϕ_s 为静叶速度损失系数;ϕ_r 为动叶速度损失系数;Ω 为反动度;K_a 为轴向速比,它与流量系数 Φ 密切相关。流量系数定义为气流轴向速度 C_{1a} 与圆周速度 U 之比:

$$\Phi = \frac{C_{1a}}{U} \tag{2-29}$$

流量系数是涡轮设计的重要参数,流量系数变化,涡轮的流通能力也会有一定的变化,流量系数增加的同时也会减小叶片高度,相反则会增加叶片的高度。目前而言,氦气涡轮的流量系数取值范围为 0.4~0.6。载荷系数的定义为

$$H_a = \frac{h_u}{U^2} \tag{2-30}$$

载荷系数表示涡轮做功能力的高低,在一定的圆周速度下,载荷系数越大,单位流体的做功能力越强。目前而言,燃气涡轮的载荷系数设计值基本为 1.4~1.7。氦气涡轮的载荷系数设计值在 2.0 左右。

反动度 Ω 表示动叶中的降压膨胀占总膨胀功的比例。由于氦气黏性大、密度小等特征,在动叶中若没有足够的能量来抵抗逆压力梯度将会有利于边界层的发展,甚至会发生分离,所以在设计此氦气涡轮时,采用低反动式设计方法,让流体在导叶中充分膨胀。

为了选取适合此高负荷氦气涡轮的设计参数,根据损失模型,通过控制单一变量的方法,得到了级数、载荷系数、流量系数对涡轮等熵效率的影响规律。

图 2-45 表示载荷系数为 1.8、流量系数为 0.5,反动度为 0.2 时,叶尖转速、叶高随级数变化的关系图。随着级数的增加,叶尖转速降低,叶高增加。若是涡轮采用一级设计,叶轮尺寸较大,叶尖转速过高,无法满足强度的要求。若是涡轮采用三级或四级设计,叶片长度增加利于叶片的加工,但增加了生产成本。综合以上考虑,选用两级设计。

图 2-46 为氦气涡轮在反动度为 0.2,不同载荷系数时流量系数变化对等熵效率的影响。在不同载荷系数时,随着流量系数的增加,等熵效率先增加再减小,流量系数为 0.2~0.4 时,等熵效率增加迅速,当流量系数大于 0.4 时,等熵效率随流量系数变化较小。当流量系数在 0.5 左右时,等熵效率最高。图 2-47 为反动度为 0.2,不同流量系数时载荷系数

变化对等熵效率的影响,从图中可以看出,随着载荷系数的增加等熵效率先增加后降低,考虑到氦气特殊的工质物性,在相等温降范围内输出比功较大,选择大载荷系数 1.8,且在载荷系数大于 1.8 后等熵效率迅速降低。图 2-48 为流量系数为 0.5,载荷系数为 1.8 时等熵效率随反动度变化关系图,当反动度为 0.3 时等熵效率最高,但是考虑到氦气边界层极易发生分离,采用低反动式设计方法,让流体在导叶中充分膨胀,所以选择反动度为 0.2,此时等熵效率也相对较高。

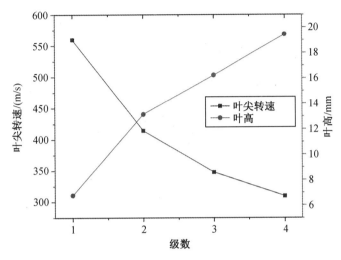

图 2-45 叶尖转速、叶高、级数关系图

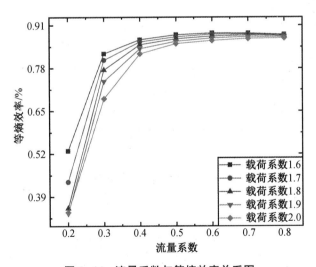

图 2-46 流量系数与等熵效率关系图

结合上述对各参数的分析,选用流量系数为 0.5,载荷系数为 1.8,反动度为 0.2,级数为两级的设计参数进行设计。本设计采用等中径设计,表 2-14 为两级氦气涡轮几何参数表,从表中可以看出氦气涡轮较小,导致叶片较短,仅 10.2 mm,轮毂比较大,为 0.92,为此对于此氦气涡轮采用直叶片设计。

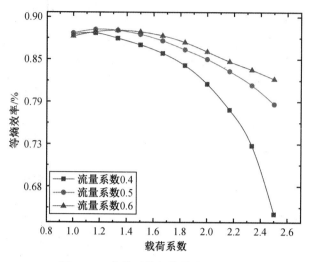

图 2-47　载荷系数与等熵效率关系图

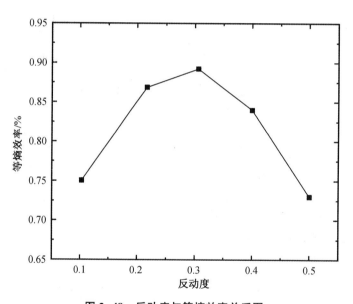

图 2-48　反动度与等熵效率关系图

表 2-14　两级氦气涡轮几何参数表

叶根半径/mm	叶高/mm	轮毂比	静叶数	动叶数	叶顶间隙/mm	叶片形式
120.8	10.2	0.92	59	59	87	88	0.3	直叶片

表 2-15 和图 2-49 分别为两级氦气涡轮速度三角形参数表和涡轮级中径速度三角形图(所有角度均为与轴向的夹角)。从图中可以看出此氦气涡轮叶片具有大转折角的特点。

表 2-16 为一维设计总体性能参数表,在等熵效率为 86.8% 时,输出功率为 1 325 kW,

完全满足空气压气机耗功需求。

表 2-15　两级氦气涡轮速度三角形参数表

级数	α_1	β_1	α_2	β_2	单位
第一级	83	67.7	31.9	59	（°）
第二级	81	71.4	23.8	56.3	

级数	C_1	W_1	C_2	W_2	U	单位
第一级	638	254	203.1	336.1	395.8	m/s
第二级	737.9	351.8	222.8	367.6	395.8	

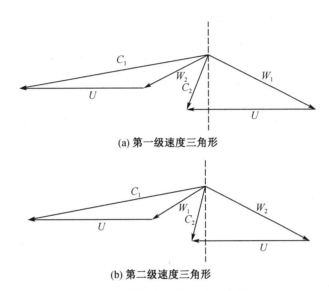

(a) 第一级速度三角形

(b) 第二级速度三角形

图 2-49　涡轮级中径速度三角形图

表 2-16　一维设计总体性能参数表

参数	符号	单位	计算结果（两级）	
			第一级	第二级
焓降分配	h_{st}	kJ/kg	296	371.7
反动度	Ω	—	0.2	0.2
总功率	N_T	kW	1 325	
等熵效率	η_T	—	0.868	

　　由于氦气声速较大，此氦气涡轮内部流动远未及声速，所以为渐缩流道。第一级、第二级静叶和动叶叶型基本相似，区别在于叶片数和几何进出气角。静叶前缘半径为 0.4 mm，静叶尾缘半径为 0.15 mm，静叶弦长为 15 mm，安装角为 52°。动叶前缘半径为 0.32 mm，动叶尾缘半径为 0.15 mm，动叶弦长为 11 mm，动叶安装角为 23°。图 2-50 为此氦气涡轮三维模型图。

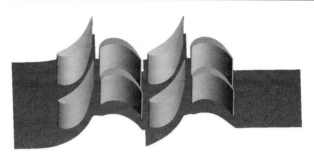

图 2-50 氦气涡轮三维模型图

2.4.2 三维计算结果与分析

本节对所设计两级氦气涡轮进行三维定常数值模拟分析。表 2-17 为三维数值模拟总体性能参数表,质量流量为 2.499 8 kg/s,与设计参数之间的误差为 1.2%,膨胀比为 1.468,与设计之间的偏差为 0.13%,效率为 85.57%,输出功率为 1 304.639 kW,满足空气压气机耗功需求。虽然三维计算结果与设计值在误差范围之内,但是效率略低。

表 2-17 总体性能参数

参数	质量流量/(kg/s)	总膨胀比	功率/kW	效率/%
设计要求	2.47	1.47	—	—
模拟值	2.499 8	1.468	1 304.639	85.57
误差	1.2%	0.13%	满足耗功需求	—

表 2-18 为各级性能参数表,从表中可以看出,两级的质量流量相同,第二级膨胀比较大,输出功率较第一级高,但是效率相对较低。图 2-51 为两级氦气涡轮进口至出口熵增曲线图。从图中可以看出,在静叶中熵增较小,动叶中熵增较大,尤其是第二级动叶中。氦气涡轮第一级熵增为 40 J/(kg·K),第二级熵增为 70 J/(kg·K),其损失约为第一级的两倍,导致第二级效率较低。

表 2-18 各级性能参数

级数	质量流量/(kg/s)	总膨胀比	轴功率/kW	效率/%
第一级	2.499 8	1.175	592.169	88.64
第二级	2.499 8	1.243 1	712.470	83.98

图 2-52 为 50% 叶高各级叶片载荷分布图。第一、二级静叶均为后加载叶型,对降低端区损失有其独特的优势。第一、二级动叶均为前加载叶型,前加载叶型相对于后加载与均匀加载叶型有着较好的负荷特性,有利于提高涡轮做功能力,适合于此高负荷氦气涡轮。第二级静叶进口存在负攻角,有利于降低工况下的吸力面边界层分离损失。动叶进口均为

正攻角,有利于提高涡轮做功能力,但是易在吸力面发生分离,导致涡轮效率降低。

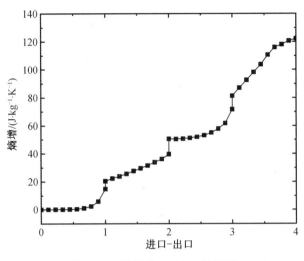

图 2-51　涡轮进口到出口熵增图

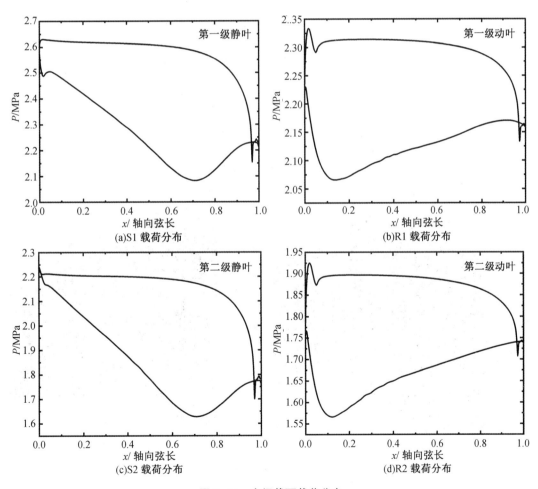

图 2-52　中间截面载荷分布

图 2-53 为各级 50%叶高相对马赫数分布云图。从相对马赫数分布云图可以看出,整个涡轮内部流动均为亚音速流动,静叶中速度最大位置均处在喉部,并且静叶中的流速大于动叶,是因为对此氦气涡轮设计时采用低反动度设计方式,让流体在静叶中充分膨胀,在动叶中膨胀相对较小,低反动度涡轮能提高涡轮的做功能力。马赫数最大出现在第二级静叶喉部位置,为 0.63,流速为 958 m/s。未在叶片前缘发现大范围低速区,没有大范围的流动分离现象,动、静匹配较好。但是在动叶吸力面下游边界层厚度明显增加,改变了速度型分布,动叶吸力面边界层损失较高,且第二级损失高于第一级。从图 2-54 中间截面的静熵分布云图也可看出动叶吸力面存在较大的边界层损失,可以通过研究氦气边界层发展特征及控制方法来降低边界层损失。

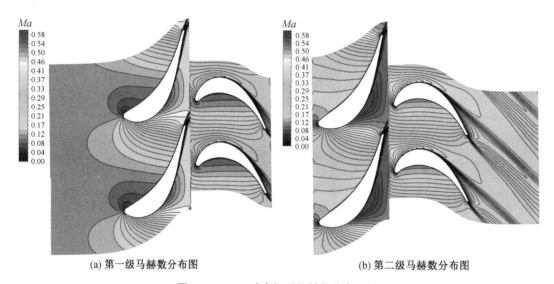

(a) 第一级马赫数分布图　　　　　　　　(b) 第二级马赫数分布图

图 2-53　50%叶高相对马赫数分布云图

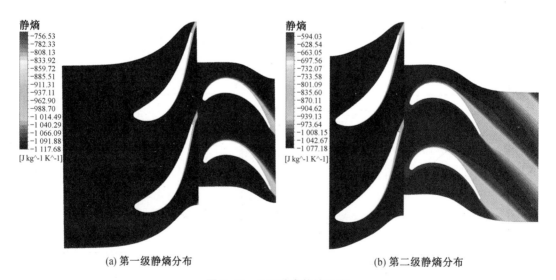

(a) 第一级静熵分布　　　　　　　　(b) 第二级静熵分布

图 2-54　50%叶高静熵分布

图 2-55、图 2-56 分别给出了第一、二级静、动叶总压恢复系数和相对总压恢复系数沿径向分布图。总压恢复系数定义为

$$\sigma = \frac{P_{t,\text{out}}}{P_{t,\text{in}}} \qquad (2-31)$$

式中，σ 为总压恢复系数；$P_{t,\text{out}}$ 为静叶出口总压；$P_{t,\text{in}}$ 为静叶进口总压。

相对总压恢复系数定义为

$$\sigma_{\text{rel}} = \frac{P_{t,\text{rel,out}}}{P_{t,\text{rel,in}}} \qquad (2-32)$$

式中，σ_{rel} 为相对总压恢复系数；$P_{t,\text{rel,out}}$ 为动叶出口相对总压；$P_{t,\text{rel,in}}$ 为动叶进口相对总压。

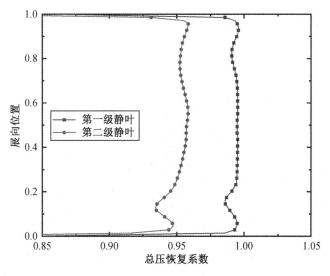

图 2-55　静叶总压恢复系数

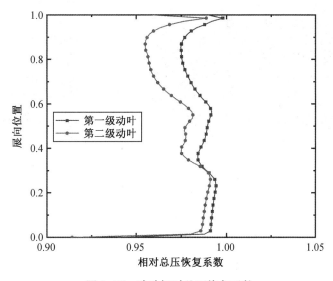

图 2-56　动叶相对总压恢复系数

总压恢复系数可以用来衡量静叶中的损失情况,相对总压恢复系数常用来衡量动叶中的损失情况。从静叶总压恢复系数可以看出,静叶的总压恢复系数在径向发展趋势基本一致,第二级总压损失明显高于第一级损失。在端壁通道涡的影响下,叶根与叶顶处总压损失大于主流区域,尤其是叶根区域损失最大,从图2-57(a)和图2-57(c)静叶出口熵增云图也可以看出,上下端壁处损失较大,下通道涡强度大于上通道涡,是因为静叶根部载荷相对较高,横向压力梯度大,有利于下通道涡的发展。从动叶相对总压恢复系数可以看出,第一级动叶与第二级动叶相对总压恢复系数沿径向发展趋势一致,第二级的损失略高于第一级。当叶高大于60%时,相对总压恢复系数迅速减低,最低可达0.95,损失较大,范围较广,影响到了主流流动,从图2-57(b)和图2-57(d)动叶出口熵增云图可以看出,下通道涡径向发展到叶片中部,叶顶损失强度明显高于叶根,是因为在横向压力梯度的作用下动叶叶顶间隙泄漏损失相对较高。因此可以解释上述氦气涡轮效率低的原因,这也是低展弦比、大转折角、高负荷氦气涡轮面临的重要问题。

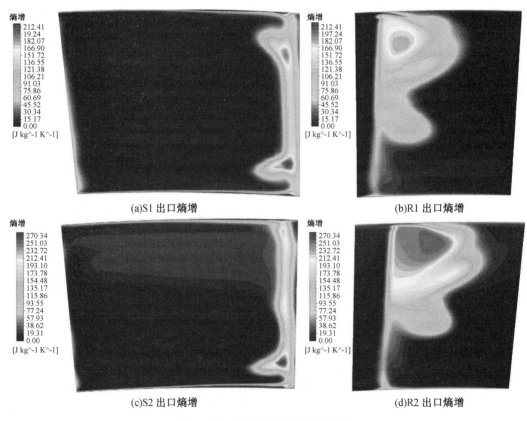

(a)S1 出口熵增

(b)R1 出口熵增

(c)S2 出口熵增

(d)R2 出口熵增

图 2-57　不同位置出口熵增云图

图2-58、图2-59、图2-60分别为静叶出口气流角、马赫数和吸力面极限流线图。总体而言,静叶出口气流角和马赫数沿展向分布较为均匀,流线较好。上下端壁处均有由上下端壁通道涡产生的分离线,通道涡径向发展尺度较小。第二级静叶出口均匀性较第一级差,这是第一级动叶出口气流不均匀导致的。

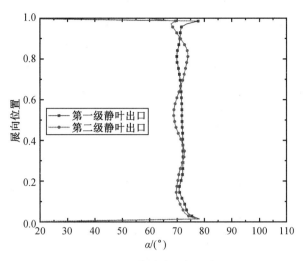

图 2-58　静叶出口气流角

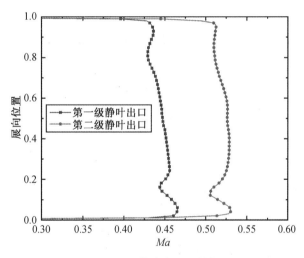

图 2-59　静叶出口马赫数

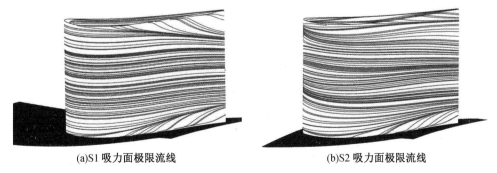

(a)S1 吸力面极限流线　　　　　　　　　　　(b)S2 吸力面极限流线

图 2-60　静叶吸力面极限流线

图 2-61、图 2-62、图 2-63 分别为第一、二级动叶出口相对气流角、出口相对马赫数和吸力面极限流线图。从图中可以看出,动叶内流动紊乱,上下端壁低能流体向叶片中部汇聚,恶化了主流流动,尤其是第二级动叶。上下端壁通道涡在径向压力梯度的影响下发生大幅度径向迁移。叶顶由于存在泄漏涡,导致动叶叶顶气流角和出口马赫数与主流相距较大。动叶出口流动差将大大影响后面级的流动,导致后面级效率降低。

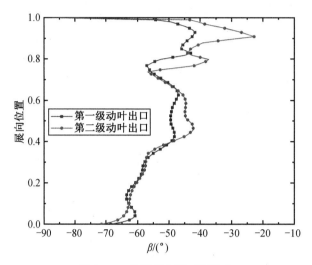

图 2-61 动叶出口相对气流角

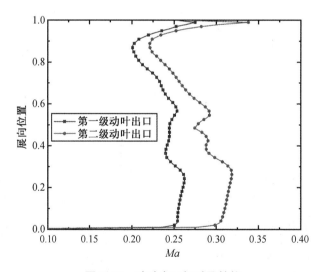

图 2-62 动叶出口相对马赫数

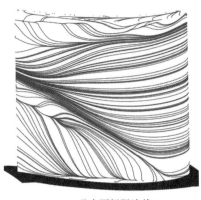 

(a)S1 吸力面极限流线   (b)S2 吸力面极限流线

图 2-63 动叶吸力面极限流线

2.4.3 基于弯叶片设计及气动性能优化研究

氦气工质与燃气物性存在较大差异,导致氦气涡轮与燃气涡轮存在较大区别。氦气涡轮具有高负荷、低展弦比、气流转折角大等特点,导致端壁二次流损失及叶顶泄漏损失占总损失的比例相对较大,在径向、横向压力梯度等因素的影响下,低能流体向叶片中部流动,进而影响主流流动,降低主流流通能力,造成较大的气动损失。

众多科研学者通过试验或数值模拟等方式研究发现弯叶片对涡轮内部流动会产生显著影响,由于工质、叶片几何形状和子午流道存在差异,对于不同涡轮采用弯叶片设计方式将会取得不同的收益。因此,弯叶片已成为涡轮叶片设计及性能优化的重要方法之一。所以针对此氦气涡轮端区损失大的问题,对第一级动叶采用弯曲设计,研究动叶弯曲设计对涡轮性能及内部流动的影响。

当各截面叶型不变时,积叠线向不同方向偏移可以得到不同类型的叶片,积叠线在轴向方向的偏移可以得到掠叶片,在周向的偏移可以得到弯叶片。如图 2-64 所示为弯叶片积叠线示意图,通过径向贝塞尔积叠线控制叶片弯高和弯角,中部为直线过渡段,两端采用贝塞尔曲线弯曲。本节弯叶片造型法采用的是周向积叠方式,指的是将叶片不同截面的叶栅积叠取一个合适的偏移量,此方式适用于子午流面扩张角较小情况,适用于本节研究的氦气涡轮。通过弯高和弯角两个参数来控制叶片弯曲设计,弯高指的是叶片径向弯曲长度占整个叶高的百分比,弯角定义为叶顶或叶根积叠线切线与径向的夹角,当压力面与端壁成钝角时为反弯叶片,直角时为直叶片,锐角时为正弯叶片。

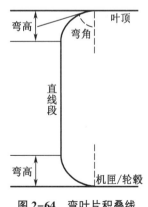

图 2-64 弯叶片积叠线

为研究正、反弯叶片对此涡轮内部流动及性能的影响,本节对第一级动叶进行弯曲设计,叶顶、叶根弯高均为 50%,经过众多学者研究发现,弯角在 20° 时对控制涡轮二次流损失有着较好的效果,所以本节弯角选择分别为-20°、0°、+20°,并保证边界条件与设计点工况一致,几何图形如图 2-65 所示。

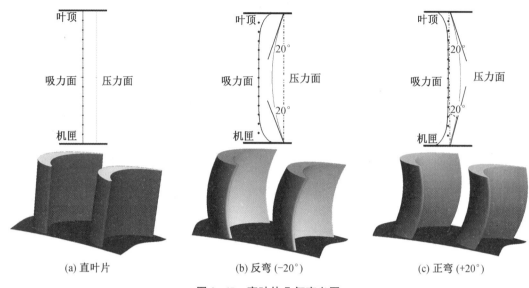

(a) 直叶片　　　　　　(b) 反弯 (-20°)　　　　　　(c) 正弯 (+20°)

图 2-65　弯叶片几何定义图

表 2-19 为不同弯角时第一级涡轮性能参数对比。图 2-66 为流量、等熵效率、膨胀比、功率等随着弯角变化的变化规律图。从图表中可以看出,在-20°弯角时,第一级功率相对直叶片降低了 1%,主要原因在于质量流量下降了 0.4%和膨胀比的降低,但是第一级等熵效率得到提高。当弯角为+20°时,质量流量相对于直叶片增加了 0.14%,膨胀比也相对增加,但是效率较直叶片降低了 0.18%,导致第一级输出功率降低了近 1 kW。所以采用弯叶片对于低展弦比、大转折角氦气涡轮性能具有显著的影响,需从涡轮内部流动机理等方面详细研究弯叶片对涡轮气动性能的影响规律。

表 2-19　第一级涡轮性能参数表

弯象/(°)	流量/(kg/s)	等熵效率	膨胀比	功率/kW
-20	2.490 85	0.886 81	1.173 9	586.002
0	2.499 80	0.886 40	1.175	592.169
+20	2.503 31	0.884 592	1.175 7	591.226

　　弯曲设计会改变叶片表面的静压和速度分布等,进而影响氦气涡轮的性能。下面通过分析第一级动叶在-20°、0°、+20°时,第一级静叶和第一级动叶内部流动异同来发现弯曲对大转折角、低展弦比氦气涡轮气动性能的影响机制,为此氦气涡轮气动优化提供指导。

　　图 2-67、图 2-68 分别为静叶出口总压恢复系数和出口气流角(轴向夹角)沿径向分布图,其中定义总压恢复系数为静叶出口总压与进口总压的比值。从图中可以看出,直叶片和正、反弯动叶对第一级静叶流动几乎不产生影响,可以认为弯叶片设计对涡轮气动性能的影响主要集中于涡轮动叶中。在叶展大部分区域内均保持较高的总压恢复系数,所以此

静叶损失较小,设计合理。静叶在 30% 叶展以下和 70% 叶展以上总压损失较高,叶根总压损失也明显高于叶顶,且在 17% 和 80% 叶高处总压损失最高达 0.98。在端壁通道涡的影响下,叶根与叶顶的出口气流角相较于主流落后 5°,端壁处的落后角将会影响到动、静叶的匹配问题,导致动叶叶根、叶顶处负攻角过大,增加动叶压力面前缘分离损失。

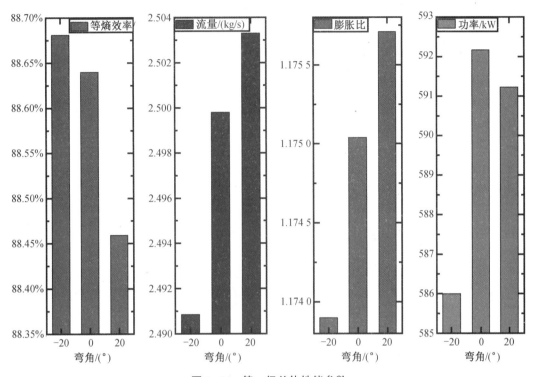

图 2-66　第一级总体性能参数

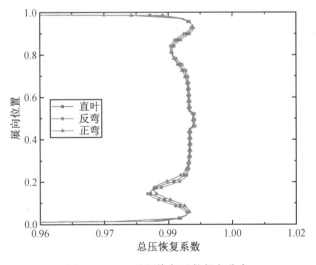

图 2-67　S1 总压恢复系数径向分布

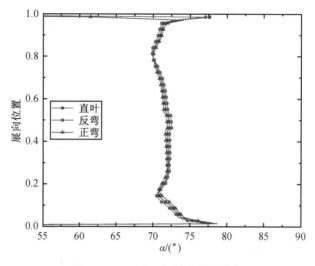

图 2-68　S1 出口气流角径向分布

图 2-69 为静叶在 10%、50% 和 90% 叶高处表面静压分布图。从图中可以看出第一级静叶叶型在整个叶高范围内均为后加载,后加载叶型在降低端区二次流损失方面具有其独特的优势,由于此氦气涡轮叶高短,导致端区损失占涡轮总损失的比例相对较高,所以此后加载叶型对降低此氦气涡轮端区损失具有十分重要的作用。同时可以发现,根部载荷高于叶顶,但压力面径向载荷差异相对较小,主要区别在于吸力面下游,即喉部之后的逆压力区。叶根载荷高于叶顶载荷,叶根横向压力梯度较大,利于下通道涡的发展,因此可以解释叶根总压损失大于叶顶。

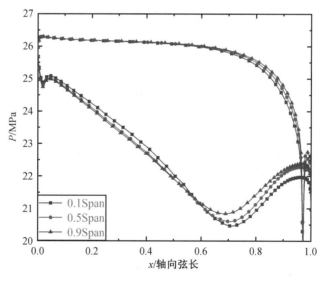

图 2-69　S1 表面静压分布

图 2-70、图 2-71 分别表示静叶出口马赫数沿径向分布图和 50% 叶高 B2B 截面马赫数分布云图。从图中可以清晰地看出,静叶出口马赫数基本在 0.45 左右。虽然动叶弯曲对静叶性能的影响很小,但也存在些许区别。直叶片和正弯叶片静叶出口马赫数沿径向分布基

本重合,反弯叶片静叶出口马赫数略小于前两者,但趋势基本一致。从 B2B 截面马赫数云图可以清晰地看出氦气在静叶中的膨胀加速和减速扩压过程,氦气在流道中均为亚音速流动,距离氦气声速还有相当大的范围,马赫数最大位置出现在吸力面喉部位置,最大可达0.53。

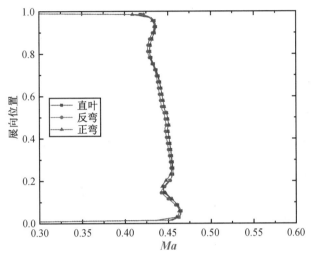

图 2-70　S1 出口马赫数径向分布

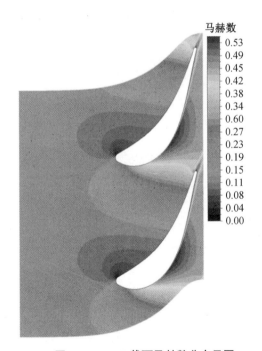

图 2-71　B2B 截面马赫数分布云图

图 2-72 为静叶出口处熵增分布云图。经过分析发现,吸力面损失较大。在吸力面、压力面叶根和叶顶处均出现壁角涡,吸力面壁角涡损失较大,且叶根处壁角涡强度高于叶顶。

在前缘扰流的作用下形成马蹄涡吸力面分支和压力面分支,压力面分支在横向压力梯度的作用下撞击到吸力面与马蹄涡吸力面分支汇合,进而发展成通道涡,因此在吸力面侧出现上下两个旋涡结构,分别为上通道涡和下通道涡,下端壁通道涡强度高于上端壁,是因为叶根载荷高于叶顶载荷,横向压力梯度相对较大,对下通道涡的发展起到一定促进作用。30%~70%叶高之间的吸力面主流区域由于氦气工质特殊的热物性引起的边界层损失和尾缘厚度导致的尾迹损失。图 2-73 给出了静叶吸力面极限流线。从图中可见,马蹄涡压力面与吸力面分支约在吸力面30%轴向弦长处汇聚,吸力面上下均出现通道涡分离线,且上通道涡在径向的发展尺度高于下通道涡,这是因为上端壁的径向顺压力梯度的作用促进了上端壁通道涡向叶片中部发展,下端壁径向为逆压力梯度,对通道涡径向的发展起到一定抑制作用。

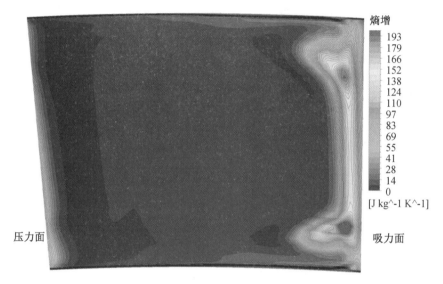

图 2-72　S1 出口熵增分布云图

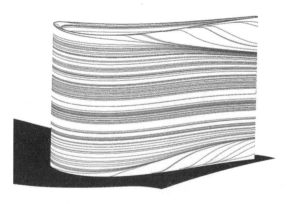

图 2-73　S1 叶片表面极限流线

　　经过前文分析发现,动叶弯曲设计对涡轮气动性能产生显著影响,但对静叶气动性能的影响较小,因此主要区别在于弯曲的动叶性能,本小节主要研究动叶弯曲设计对内部流动的影响规律,进而寻求动叶弯曲设计对低展弦比、大转折角氦气涡轮性能提高的方法。

　　图 2-74、2-75 分别表示-20°、0°、+20°弯角动叶相对总压损失系数和动叶出口等熵效率沿径向分布规律图。从图中可以看出,动叶总压损失系数与动叶出口等熵效率分布图趋势基本一致,可见引起涡轮性能差别的主要是动叶内部流动,与上文静叶分析基本一致。反弯动叶中部主流区域损失降低,端壁损失增加,正弯叶片端区损失得到优化,但主流流动恶化。从等熵效率径向分布图可以看出,在 0~35% 和 60%~100% 叶高处,正弯叶片等熵效率相对较高;反弯叶片等熵效率相对较低,在 90% 叶高处最低可达 0.7。在 35%~60% 叶高处,反弯叶片等熵效率相对较高,为 0.925;正弯叶片相对较低,为 0.825 左右。总的来看,对于此氦气涡轮,正弯设计可以降低端区损失,但叶片中部效率降低;反弯叶片可以提高中部效率,同时端区损失增加。正弯叶片端区损失的减小量低于中部流动恶化导致的损失的增加量,反弯叶片则相反,所以正弯叶片导致涡轮效率低于直叶片。基于正反弯设计的优劣势,对于此氦气涡轮存在一个最佳弯角使得涡轮效率最高。下面将详细分析正、反弯对涡轮内部流动的影响及其损失机理,为高负荷氦气涡轮设计提供指导。

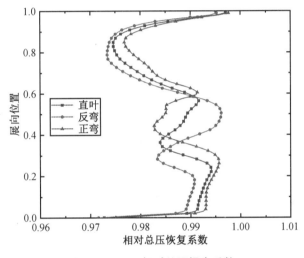

图 2-74　R1 相对总压损失系数

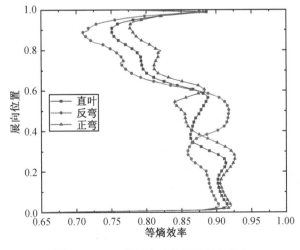

图 2-75　R1 出口等熵效率沿径向分布

图 2-76 给出了弯角为 -30°、0°、+30°时,第一级动叶轮缘 L_u 功沿径向分布情况。其中轮缘功的定义为

$$L_u = U_2 C_{1u} + U_1 C_{2u} \qquad (2-33)$$

式中,L_u 为轮缘功、U 为圆周速度,C_u 为绝对速度在周向的分速度,1、2 分别为动叶进口和出口位置。由于本节设计的氦气涡轮进出口半径相同,所以圆周速度相同,进一步简化得

$$L_u = U(C_{1u} + C_{2u}) \qquad (2-34)$$

从 0~40% 和 60%~100% 叶高处轮缘功分布可以看出,正弯叶片能够增强叶顶和叶根做功能力,但叶片中部做功能力下降。在 0~40% 和 60%~100% 叶高处反弯叶片做功能力较直叶片大幅下降,叶片中部区域做功能力增加。中部做功的增加量小于上、下端壁做功的降低量,导致反弯叶片的做功能力较直叶片下降。

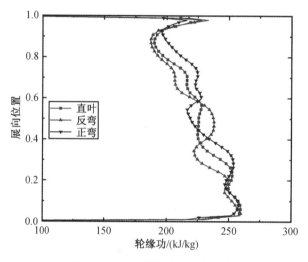

图 2-76   R1 轮缘功沿径向分布

图 2-77 为上下端壁弯高均为 50%,弯角为 -20°、0°、+20°,10%、50%、90% 叶高处的静压分布图。从图中可以清晰地看出,叶片上游吸力面与压力面压差较大,为典型的前加载叶型。相较于后加载和均匀加载叶型,国内外试验研究发现,前加载叶型具有更高的载荷系数以及更好的负荷特性,因此对此高负荷、低展弦比、大转折角氦气涡轮动叶采用前加载设计具有独特的优势。流体在流道中膨胀,叶片中部流道在 20% 轴向弦长处静压系数最低,流速达最大。叶片弯曲对压力面影响较小,主要区别在于吸力面侧。在 50% 叶高时,主要区别在于吸力面 10%~70% 轴向弦长处,且正弯的前缘吸力峰强度高于直叶片和反弯。与直叶片相比较,叶片反弯增加了叶根与叶顶的载荷,但 50% 叶高截面载荷降低;叶片正弯时,50% 叶高截面载荷增加,端区载荷降低。叶片弯曲产生径向的叶片力导致端区载荷发生变化。

图 2-78 为直叶片、正弯叶片、反弯叶片吸力面压力分布云图。从图中可以看出,不同弯曲设计总体压力梯度基本一致,中部静压较高,两端压力较低。反弯叶片能够将两端低压区域向端壁移动,使得叶片表面中部压力分布更为均匀。但是反弯叶片叶顶前部存低压区范围变大。正弯设计则相反,叶顶低压区范围减小,两端的低压区域向叶片中部扩散。

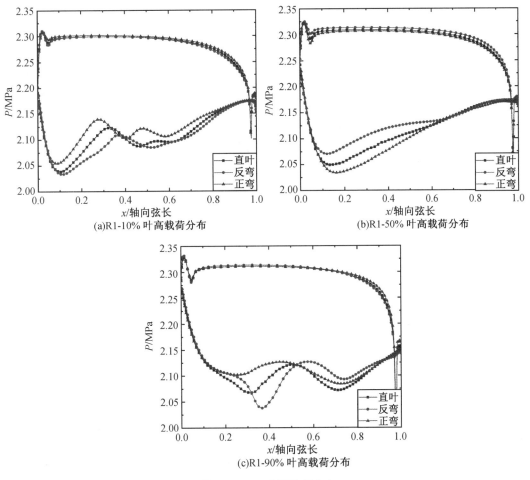

(a)R1-10% 叶高载荷分布

(b)R1-50% 叶高载荷分布

(c)R1-90% 叶高载荷分布

图 2-77　R1 表面静压分布

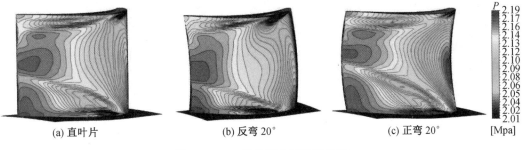

(a) 直叶片　　　　　　　(b) 反弯 20°　　　　　　　(c) 正弯 20°

图 2-78　R1 叶片吸力面静压分布

图 2-79 中所示为弯高为 50%,弯度为 -20°、0°、+20° 时的叶片吸力面极限流线图。对比发现,原直叶片上下端壁处存在较大通道涡损失。当叶片正弯时,较直叶片叶根和叶顶至中径处的逆压力梯度降低,端区低能流体大幅向叶片中部发展,尤其是下端壁的通道涡在叶片尾部已经发展到叶片 60% 叶高处,端区低能流体大幅挤压叶片中部主流,造成严重

的掺混损失,且从图2-79(c)下端壁极限流线可以看出在径向逆压力梯度的作用下分离点前移。当叶片反弯时,端区至叶片中部逆压力梯度升高,使得主流的低能流体向端区流动,端区低能流体更难于向叶片中部发展,叶片吸力面中部流动得到改善,径向窜流得到控制,改善了出口流动的均匀性。从2-79(b)下端壁的极限流线可以看出流动分离点后移,通道涡区域减小,主流区域流动更加平顺。

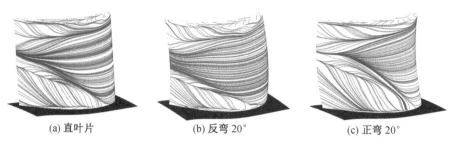

(a) 直叶片　　　　　　　　(b) 反弯20°　　　　　　　　(c) 正弯20°

图2-79　R1叶片吸力面极限流线

图2-80为第一级动叶不同截面及出口熵增云图。与静叶不同,动叶在叶顶处多出一个漩涡结构,此为叶顶间隙泄漏导致的泄漏涡。从出口熵云图可以看出,相较于直叶片,反弯叶片叶顶间隙泄漏损失增加,是因为叶片反弯时叶顶载荷增加,导致横向压力梯度增加,即吸力面与压力面压差增加横向压力梯度的增加有利于叶顶泄漏涡的发展,泄漏涡强度增加。正弯叶片恰好相反,叶顶载荷降低,即压力面与吸力面压差降低,压力梯度降低,降低泄漏涡强度,叶顶泄漏损失降低。所以正弯叶片泄漏涡处出口熵增较大,反弯叶片则明显降低。根据上文对于叶片载荷及极限流线的分析得出结论:反弯设计时抑制端区低能流体向叶片中部汇聚和促进中部低能流体向端区流动;正弯设计端区低能流体向叶片中部径向发展。可以解释反弯设计出口上下通道涡的强度相对增加,端区损失增加,正弯则相反。

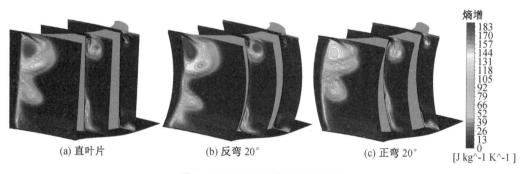

(a) 直叶片　　　　　　　　(b) 反弯20°　　　　　　　　(c) 正弯20°

图2-80　R1不同截面熵增云图

图2-81为不同弯曲条件下下端壁极限流线图。动叶弯曲设计对静叶下端壁极限流线的影响较小,主要区别在于动叶端壁。动叶进口来流撞击叶片前缘,形成马蹄压力面、吸力面两条分支,在横向压力梯度的作用下,吸力面分支撞击到吸力面,压力面分支穿过整个叶栅通道打到相邻叶片的吸力面侧并于吸力面分支交汇,进而发展成通道涡。反弯设计增加了动叶进口攻角,从而增加了动叶叶根载荷,横向压力梯度增加,促进了端壁通道涡的发

展,所以反弯叶片吸力面马蹄涡吸力面与压力面分支的交汇点前移,正弯设计则恰恰相反。
同时可以解释反弯设计端壁通道涡发展迅速和损失高的问题。

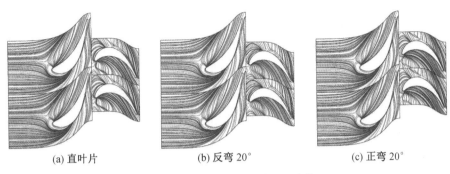

(a) 直叶片　　　　　　　(b) 反弯 20°　　　　　　(c) 正弯 20°

图 2-81　R1 叶片下端壁极限流线

图 2-82 为动叶出口相对气流角沿展向分布图。在 70%~100% 叶高处,叶片反弯设计导致泄漏涡强度与通道涡强度增加,所以相对气流转折角增加,正弯设计则相反。在 0~40% 叶高处,正弯设计减小了端壁通道涡的强度,所以气流转折角降低。反弯设计主流低能流体向端区流动,端区低能流体难于向主流汇聚,因此主流流动得到改善,在 30%~70% 叶高处流动均匀性更好,出口相对气流角和马赫数较为均匀。图 2-83 为动叶出口马赫数沿展向分布规律。从图中可以看出叶顶泄漏损失的增加导致出口反弯叶片近上端壁处出口马赫数降低,反弯叶片叶顶出口马赫数则增加。正弯由于通道涡径向发展的影响导致叶片 20%~45% 和 65%~90% 叶高处出口马赫数降低,而反弯叶片在此区域马赫数增加。在 50% 叶高附近,正弯叶片由于主流流动受到挤压,马赫数增加。总的而言,动叶反弯设计可以优化主流流动,出口均匀性更佳,有利于级间匹配,降低后面级损失。

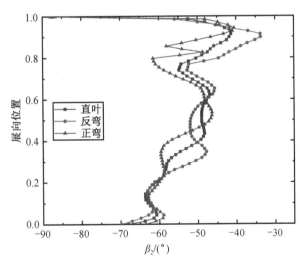

图 2-82　R1 出口相对气流角

经过上述对比分析发现,针对此氦气涡轮第一级优化设计,正弯叶片能够增加涡轮通流能力,降低叶顶泄漏损失和端区损失,但是主流流动恶化,效率降低 0.18%。反弯叶片叶顶泄漏损失增加,但是主流流动得到优化,级效率增加,虽然效率仅提高 0.04%,但是出口气流更为均匀,有利于提高下一级的流动质量,进而提高整机效率。

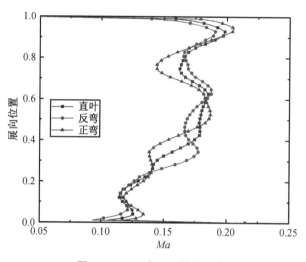

图 2-83　R1 出口马赫数分布

　　J 型叶片是一种叶根弯曲而叶顶不弯的叶片,如图 2-84 所示。经过上述分析发现,反弯叶片以增加叶顶间隙泄漏损失和端区损失为代价,优化了主流流动,提高了涡轮级效率。叶顶反弯增加了叶顶泄漏损失,若是采用反 J 型叶片,叶顶不弯而叶根反弯,是否会对涡轮性能的提高起一定作用呢? 为研究反 J 型叶片对涡轮气动性能的影响,本节主要研究 50% 弯高时,不同弯角下,反弯叶片与反 J 型叶片对涡轮性能及内部流动的影响。具体方法是,50%弯高不变,改变弯角为 $0°$、$-10°$、$-20°$、$-30°$,并保持进出口边界条件一致。

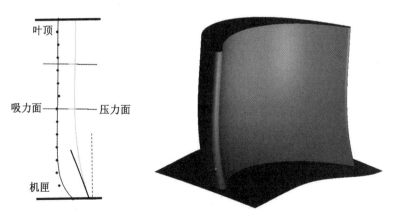

图 2-84　反 J 型叶片示意图

　　图 2-85 分别为反弯、反 J 型叶片质量流量随弯角变化对比图。在相同弯角时,反弯叶片的进口质量流量均小于反 J 型叶片。反弯叶片质量流量随着弯角的增加呈线性形式降低,在 30°弯角时质量流量降低为 2.496 kg/s,较直叶片多下降了 0.18%;反 J 型叶片随着弯角的增加质量流量先降低在增加,在 15°弯角时质量流量最低为 2.499 5 kg/s。

图 2-86 为总膨胀比随弯角变化关系图。反弯与反 J 型叶片膨胀比随弯角变化趋势基本一致,在 10°弯角时膨胀比最大。反 J 型叶片随弯角变化总膨胀比变化明显,而反 J 型叶片变化幅度相对较小。当弯角在 0°与 20°之间变化,在相同弯角时,反 J 型叶片膨胀比均大于反弯叶片。当弯角大于 20°时,反 J 型叶片膨胀比迅速降低,反弯叶片膨胀比缓慢变化。

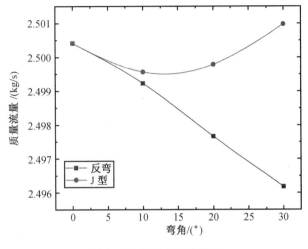

图 2-85　质量流量变化图

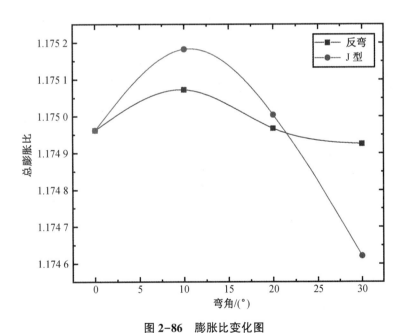

图 2-86　膨胀比变化图

等熵效率随弯角变化的对比图如图 2-87 所示。从图中可见,反弯与反 J 型叶片等熵效率变化趋势基本一致,随着弯角的增加,等熵效率先增加后降低,不同的是,反弯叶型变化幅度较大。在所研究的弯角范围内,反 J 型叶片等熵效率均大于反弯叶型,较直叶片而言效率均得到提高。当弯角为 20°时,反 J 型叶片等熵效率较直叶片提高了 0.1%。弯角为 30°

的反弯叶片效率较直叶片有所降低,是因为叶顶反弯,叶顶泄漏损失的增加量高于因中部流动更均匀导致的损失减小量,所以等熵效率降低,若是反弯叶片采用大弯角,则需对叶片叶顶进行优化设计减小叶顶泄漏损失。图 2-88 为不同弯角下反弯设计与反 J 型设计时比功对比图。当弯角为 10°和 20°时,反 J 型设计方式比功明显高于反弯设计。当弯角大于30°时,J 型设计的输出比功明显降低。

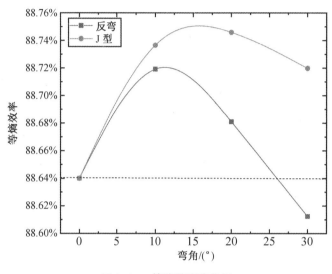

图 2-87　等熵效率变化图

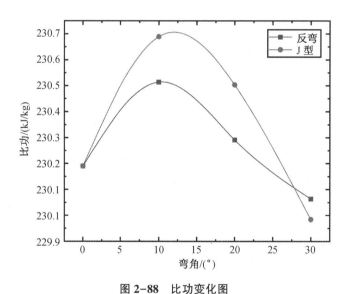

图 2-88　比功变化图

反 J 型与反弯设计对涡轮第一级总体性能产生不同影响,为详细了解产生差异的具体原因,本小节将会对动叶内部流动进行详细分析。

图 2-89、2-90 分别给出了不同弯曲形式与不同弯角时,动叶相对总压恢复系数与动叶出口等熵效率沿径向分布规律图。动叶相对总压恢复系数与出口等熵效率变化趋势基本

一致。反弯设计与反 J 型设计,弯角越大,30%~60%叶高范围内等熵效率增加越多,但在 0~30%叶高范围内等熵效率降低也越多,当因主流流动优化导致的损失减小量大于由于弯曲导致端区二次流损失的增加量时,涡轮效率提高,所以在弯角为 10°时的反弯设计效率最高,在弯角为 15°时的反 J 型设计效率最高。在 0~30%叶高范围内,相同弯角时,反弯设计与反 J 型设计等熵效率相同。与反弯设计不同的是,反 J 型设计方式,叶片上部区域由于未使用弯曲设计,其等熵效率与直叶片相同;以及在 30%~60%叶高范围内,相同弯角时,虽然较直叶片都有所提高,但是反弯设计等熵效率的增加量高于反 J 型设计。因此导致在所研究的弯角范围内,反 J 型叶片的效率较高。

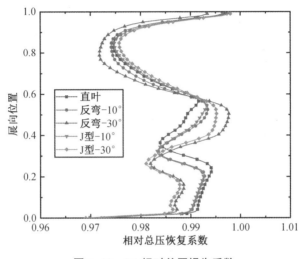

图 2-89　R1 相对总压损失系数

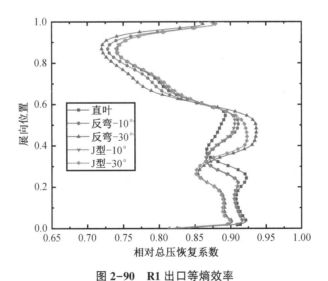

图 2-90　R1 出口等熵效率

图 2-91 为动叶轮缘功沿径向分布图。由于叶片的弯曲,叶根和叶顶区域涡轮做功能力下降,弯角越大,做功能力越弱。在 30%~60%叶高范围内则相反,弯角越大做功能力越

强。反 J 型设计与反弯设计在 0~30% 和 80%~100% 叶高范围内轮缘功变化趋势基本一致。在 80%~100% 叶高处,无论叶片弯角和弯曲方式如何变化,其轮缘功径向分布与直叶片相同。在 60%~80% 叶高范围内,反 J 型叶片与直叶片轮缘功变化趋势一致,但反弯叶片轮缘功减小。在叶片中部 30%~60% 处,相同弯角时,反弯叶片的做功能力高于反 J 型叶片。通过对比发现,相同弯角时,反 J 型叶片的做功能力强于反弯叶片。

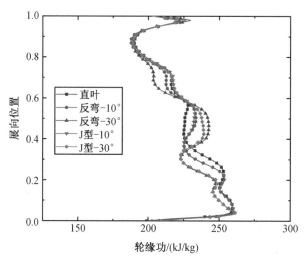

图 2-91　R1 轮缘功径向分布图

图 2-92 给出了不同弯曲形式时叶根、中径、叶顶静压分布图。从图中可以看出,压力面静压分布基本相同,主要区别在叶片吸力面。在 50% 叶高时,随着弯角的增大,载荷减小,在相同弯角时,反弯叶片载荷的减小量大于反 J 型叶片的减小量。在 10% 叶高时,叶片弯角越大,载荷增加越多,反弯叶片的载荷的增加量明显小于反 J 型叶片。但是叶顶载荷变化则恰恰相反,反弯叶片叶顶载荷增加,反 J 型叶片载荷则较直叶片降低,这导致叶顶横向压力梯度减小,降低了叶顶泄漏涡和通道涡的强度。图 2-93 为动叶出口静压径向分布规律图。从图中可以看出,叶根至叶片中径处,弯角越大,径向逆压力梯度增加,且反 J 型叶片逆压力梯度强于反弯设计,抑制根部低能流体向叶片中部流动。虽然反 J 型叶片叶顶至叶片中径逆压力梯度减小低能流体能向叶片中部流动,但是因叶顶载荷降低导致叶顶泄漏涡强度减小,叶顶泄漏损失降低。

图 2-94 为不同弯曲形式和弯角时动叶吸力面静压分布图。反弯叶片与反 J 型叶片中部主流区域静压较直叶片而言得到改善。上下端壁处低压区向两端移动,弯角越大,端壁处低压区越靠近上下端壁,优化了主流流动。在较小弯角时,反弯叶片与反 J 型叶片中部压力梯度更为均匀。反弯叶片由于叶顶载荷增加,泄漏损失较大,导致叶顶前部存在一个较大的低压区,而反 J 型叶片和直叶片低压区范围较小,所以在叶片上部反弯叶片损失较高,效率低。

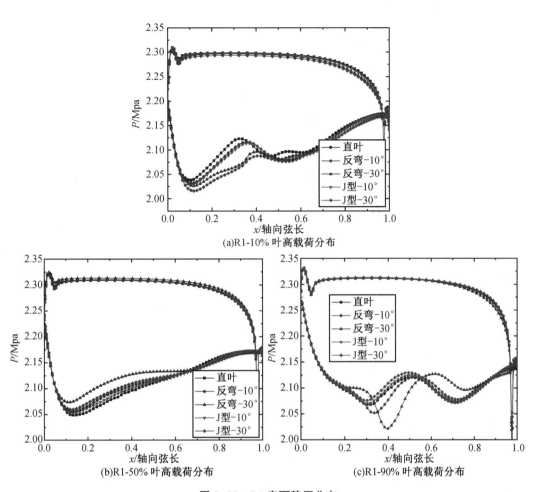

(a)R1-10% 叶高载荷分布

(b)R1-50% 叶高载荷分布

(c)R1-90% 叶高载荷分布

图 2-92　R1 表面静压分布

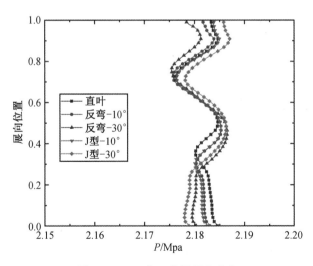

图 2-93　R1 出口静压径向分布

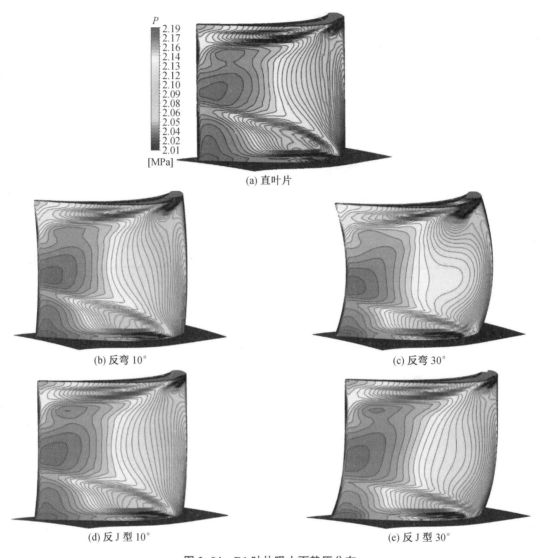

(a) 直叶片

(b) 反弯 10°

(c) 反弯 30°

(d) 反 J 型 10°

(e) 反 J 型 30°

图 2-94　R1 叶片吸力面静压分布

　　图 2-95 给出了不同弯曲形式下不同弯角时叶片吸力面极限流线图。反 J 型和反弯设计能够抑制端区低能流体向叶片中部流动,叶片中部流动得到改善,弯角越大,主流流动优化效果越好,上下通道涡分离线更靠近端壁。由于反 J 型设计叶顶未采用弯曲设计,低能流体径向窜流较反弯叶片大,但小于直叶片,动叶出口流动均匀性得到改善,有利于提高动静匹配效率,提高涡轮下一级气动性能。

　　图 2-96 所示为动叶不同截面出口熵增云图。从图中可以看出,反弯叶片由于叶顶载荷增加横向压力梯度增加,促进了叶顶泄漏涡和端壁通道涡的发展,叶顶间隙泄漏损失和端壁通道涡损失增加,弯角越大损失越高。反 J 型叶片由于叶顶载荷的降低,横向压力梯度减小,叶顶通道涡损失和泄漏损失降低。经过上述对比分析发现,反 J 型设计的叶型损失低于反弯设计,所以对于此氦气涡轮设计采用反 J 型叶片效率较高。

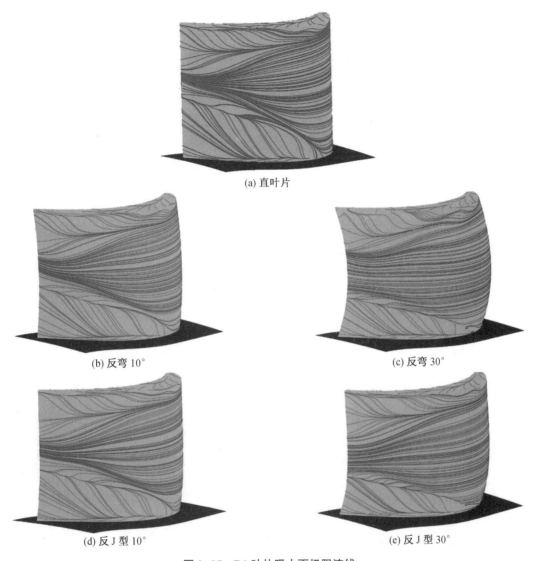

(a) 直叶片

(b) 反弯 10°

(c) 反弯 30°

(d) 反 J 型 10°

(e) 反 J 型 30°

图 2-95   R1 叶片吸力面极限流线

　　图 2-97 为动叶出口相对气流角径向分布规律图。从图中可以明显看出,反弯设计叶顶落后角明显,随着弯角的增加,反弯设计落后角先增加后减小,当叶片上部弯角为 10°时,落后角较直叶片增加了 10°。反 J 型设计由于叶顶未弯曲,其叶顶出口气流角与直叶片基本相同。在 0~40%叶高处,当反 J 型设计与反弯设计弯角相同时,两者出口气流角基本相同。40%~60%叶高范围内,弯角为 10°时,出口气流角弯叶片与反 J 型叶片基本相同,当弯角变化为 30°时则发生变化。图 2-98 为动叶出口绝对马赫数沿径向分布规律图。反 J 型叶片在 60%~100%叶高范围内时,出口马赫数与直叶片相同。在 10%~40%叶高范围内,反 J 型设计与反弯设计出口马赫数相同,当叶高为 30%~40%,出口马赫数随着弯角的增加而增加,叶根区域则相反。分析可见,反 J 型叶片能够优化动叶出口气流。

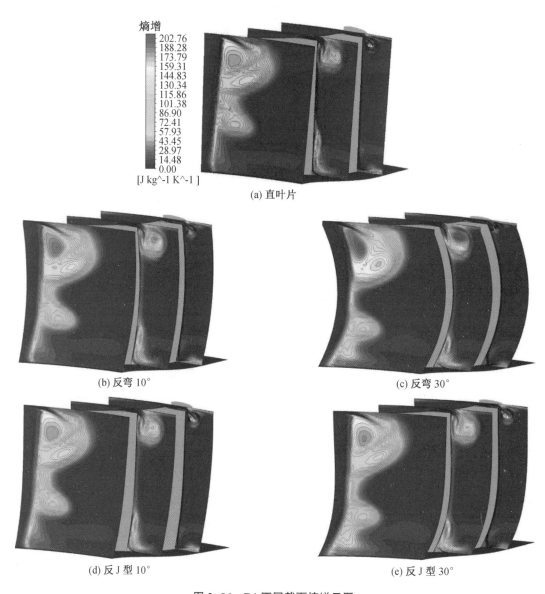

(a) 直叶片

(b) 反弯 10°

(c) 反弯 30°

(d) 反 J 型 10°

(e) 反 J 型 30°

图 2-96　R1 不同截面熵增云图

　　经过本小节对 50%弯高不同弯曲形式的对比研究发现,对于此氦气涡轮第一级动叶,采用反 J 型弯曲设计不仅能够降低叶顶泄漏损失和上端壁通道涡强度,提高涡轮效率,还能优化出口气流流动。同时弯角为 10°和 20°时,反 J 型较反弯设计还有着更好的做功能力。综合而言,反 J 型设计效果最好,反弯设计其次,正弯设计效果最差。

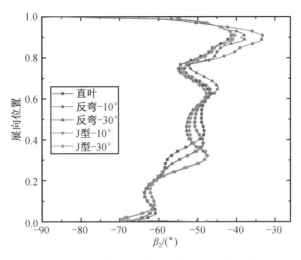

图 2-97　R1 出口相对气流角径向分布规律图

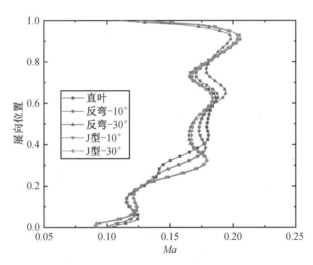

图 2-98　R1 出口马赫数沿径向分布规律图

2.5　本章小结

本章基于氦气的物性,对空气离心压气机的设计方法及部分经验参数的取值范围进行修改,归纳总结出适合氦气工质离心压气机的设计方法。从基本理论出发,根据欧拉公式,分析了降低叶轮出口安装角、增大滑移因子以及进气负预旋对叶轮做功能力的影响。然后应用控制变量法,分别对不同出口安装角、不同分流叶片叶轮、不同分流叶片长度叶轮以及不同负预旋角度的离心叶轮进行数值模拟。得到如下结论:

(1)降低叶轮出口安装角可以提高叶轮的做功能力,但会导致由分离损失、二次流损失以及射流尾迹引起低速区域面积增加,从而使叶轮的效率降低。

（2）进气负预旋可以增加叶轮的输出功,且负预旋的角度越大,做功增量越多。但是负预旋角度过大,会引起压气机内二次流损失加剧,并会导致压气机堵塞。

（3）增加叶轮出口叶片的数目可以增大叶轮出口气流的滑移因子,增大滑移因子可以减小气流与出口安装角的偏移角度,从而增大气流的 c_{2u},提高叶轮做功能力。增加分流叶片,可以减小气流的分离损失和二次流损失,从而降低射流尾迹结构引起的低速回流区域范围。

（4）增加分流叶片长度可以优化叶轮内部流场,降低分离损失和叶轮出口的掺混损失,但是分流叶片长度过长会导致摩擦损失增加,压气机性能下降。

介绍了某预冷发动机氦气涡轮进行气动设计工作,并对其三维性能进行分析。为了详细了解氦气涡轮的二次流损失特点,研究降低氦气涡轮损失的控制方法,通过对氦气涡轮第一级动叶弯曲设计进行数值模拟研究。对比分析直叶片、正弯、反弯、反 J 型设计对涡轮气动性能的影响,得到如下结论:

（1）由于氦气特殊的工质物性,黏性大、密度小、绝热指数大等以及高负荷氦气涡轮载荷系数高、转折角大等特点,导致氦气涡轮在低雷诺数工况下边界层极易发展,边界层损失较高。

（2）氦气涡轮流量小、展弦比低等特点,导致叶栅通道中二次流损失占比较大,主流流动受到影响,降低了流道的通流能力,进而降低了涡轮效率。

（3）在 2.3 节中将 50% 弯高 20°弯角的反弯、正弯、直叶片进行对比分析发现,正弯设计降低了端区二次流和叶顶泄漏损失,增加了通流能力,但是主流流动恶化,导致效率降低。反弯设计则相反,叶顶载荷增加,叶顶泄漏损失增加。同时,在叶栅通道内建立了反"C"型径向压力梯度,主流低能流体向端区迁移,虽然端区损失增加,但是主流流动优化,因此效率增加,反弯设计效果较好。

（4）在 2.3 节中将 50% 弯高不同弯角下的反弯设计与反 J 型设计进行对比分析发现,反 J 型设计方式不仅能够降低主流损失使得出口流动更均匀,还能降低叶顶泄漏损失,增加涡轮的做功能力。所以针对此氦气涡轮的第一级动叶采用反 J 型设计效果最佳,反弯其次,正弯最差。

参 考 文 献

[1] 张鹏,王如竹.超流氦传热[M].北京:科学出版社,2009.

[2] 牛文,李文杰.SKYLON 飞行器与 SABRE 发动机研究[J].飞航导弹,2013(3):70-75.

[3] 田志涛.基于物性的氦气压气机气动性能研究[D].哈尔滨:哈尔滨工程大学,2019.

[4] 西安交通大学透平压缩机教研室.离心式压缩机原理[M].北京:机械工业出版社,1980:108-114.

[5] 柴家兴.船用增压器大膨胀比轴流涡轮气动设计与优化[D].哈尔滨:哈尔滨工程大学,2019.

第3章 氦氙混合工质叶轮机械设计方法

3.1 引 言

随着深空探测技术的不断发展,对深空探测器的动力转换装置要求越来越高,基于氦氙混合工质的闭式布雷顿循环系统的发展对深空探测器动力转换装置性能的提升具有重大意义。本章采用将对应态原理应用于 Chapman-Enskog 理论得到的半经验公式来计算氦氙混合气体的物性,并将物性的计算值与已有实验数据进行对比,验证其准确性。目前对氦氙离心压气机的相关研究较少,对离心压气机设计时很少考虑氦氙混合气体物性的变化。本章将氦氙离心压气机的一维设计与氦氙工质物性变化相结合,考虑了氦氙混合气体在离心压气机内的物性参数变化,对设计流程进行优化。阐述了叶轮叶顶间隙及分流叶片对离心叶轮性能及流场的影响,目前国内对分流叶片的研究多采用空气为工质,而对氦氙压气机的研究极少且均未使用分流叶片。本章研究了在不同分流叶片长短和周向位置下氦氙离心压气机的性能变化规律和内部流场特征,得出了氦氙离心压气机压比和效率最佳的分流叶片位置,并阐述了分流叶片的长短和周向位置参数对氦氙离心压气机特性及流动特性的影响。

本章针对氦氙轴流涡轮进行气动设计,使其满足氦氙压气机的耗功需求的同时,达到规定的效率、功率等参数的设计要求。确定了氦氙涡轮重要设计参数的最佳选取范围,并通过分析氦氙涡轮内部的流场,找到涡轮损失偏大的主要原因,为氦氙涡轮的优化提供了方向。最后,采取改变静叶和动叶轴向弦长的手段,研究了动叶和静叶轴向弦长的变化对涡轮性能的影响。由于氦氙混合气与燃气的物性有着较大的差异,使得氦氙涡轮与燃气涡轮在结构上存在着较大的区别,氦氙涡轮具有叶片短、动叶转折角大、轮毂比小的特点,导致了叶根的二次流损失以及叶尖泄漏损失在总损失中的占比增大。本章将针对氦氙涡轮内部二次流损失较大的问题,对叶片采用弯曲设计和控制端壁型线的方法,说明叶片弯曲设计和控制端壁型线技术对氦氙涡轮气动性能的影响规律。

3.2 氦氙混合气体的物性计算

3.2.1 氦氙混合气体物性计算模型

本章采用对应态原理应用于 Chapman-Enskog 理论得到的半经验公式来计算氦氙混合气体的物性,其计算方法如公式(3-1)到(3-37)所示。其中角标 1 表示氦气,角标 2 表示氙气。

实际气体状态方程：

$$Z = \frac{PV}{R_g T} \tag{3-1}$$

式中　Z——压缩系数；

　　　V——氦氙混合气体比体积；

　　　P——压强；

　　　T——静温；

　　　R_g——理想气体常数。

把（3-1）式变形为维里系数展开：

$$P = R_g \left[\hat{\rho} + B\hat{\rho}^2 + C\hat{\rho}^2 \right] \tag{3-2}$$

其中摩尔体积密度：

$$\hat{\rho} = 1/V$$

式中，B、C 为二阶、三阶维里系数。二阶维里系数表示两个分子之间的相互影响，三阶维里系数表示三个分子间的相互影响。

氦气第二维里系数：

$$B_{He} = 8.4 - 0.0018 \times T + \frac{115}{\sqrt{T}} - \frac{835}{T} \tag{3-4}$$

氙气和氦氙相互作用第二维里系数：

$$B = V^* \left[-102.6 + \left(102.732 - 0.001 \times \theta - \frac{0.44}{\theta^{122}} \right) \times \tanh(4.5\sqrt{\theta}) \right] \tag{3-5}$$

其中 θ 为相对温度：

$$\theta = T/T_{cr} \tag{3-6}$$

临界比体积 V^*：

$$V^* = R_g \times T_{cr}/P_{cr} \tag{3-7}$$

对于混合物的临界体积和临界压力：

$$V_{ij}^* = (V_{ii}^* + V_{jj}^*)/2 \tag{3-8}$$

$$T_{cr12} = \frac{4\beta}{(1+\beta)^2} \sqrt{T_{cri} T_{crj}} \tag{3-9}$$

$$\beta = V_{ii}^*/V_{jj}^* \tag{3-10}$$

氦氙混合工质第二维里系数：

$$\overline{B} = x_1^2 B_{11} + 2x_1 x_2 B_{12} + x_2^2 B_{22} \tag{3-11}$$

式中，B_{11}、B_{12}、B_{22} 分别为氦气、氦氙相互作用和氙气的第二维里系数。

氦气第三维里系数即 C_1 为 0，氙气第三维里系数 C_2：

$$C = v^{*2} \left[0.0757 + -0.0862 - 3.6 \times 10^{-5} \times \theta + \frac{0.0237}{\theta^{0.059}} \times \tanh(0.84 \times \sqrt{\theta}) \right] \tag{3-12}$$

氦氙混合气体第三维里系数：

$$\overline{C} = x_1^3 C_{111} + 3x_1^2 x_2 C_1 12 + 2x_1 x_2^2 C_{122} + x_2^3 C_{222} \tag{3-13}$$

$$C_{122} = (C_2^2 C_1)^{1/3} \tag{3-14}$$

$$C_{112} = (C_{12}^2)^{1/3} \tag{3-15}$$

摩尔定压比热和摩尔定容比热：

$$C_p1 = C_p^0 + \hat{\rho}R_g\left[\left(B - T\frac{dB}{dT} + T^2\frac{d^2B}{dT^2}\right) + \hat{\rho}\left(C - \frac{T^2}{2}\frac{d^2C}{dT^2}\right)\right] + R_g T\left[\left(B - T\frac{dB}{dT}\right) + \hat{\rho}\left(2c - \frac{dc}{dT}\right)\right] \times \left[\frac{\hat{\rho}}{T}\right]_p \tag{3-16}$$

$$C_V1 = C_V^0 - \hat{\rho}R_g T\left[\left(2\frac{dB}{dT} + T\frac{d^2B}{dT^2}\right) + \hat{\rho}\left(\frac{dC}{dT} + \frac{T^2}{2}\frac{d^2C}{dT^2}\right)\right] \tag{3-17}$$

其中

$$\left[\frac{\hat{\rho}}{T}\right]_p = \frac{(\hat{\rho} + B\hat{\rho} + C\hat{\rho})\Big/\left(T + \frac{dB}{dT}\hat{\rho}^2 + \frac{dC}{dT}\hat{\rho}^3\right)}{1 + 2B\hat{\rho}^2 + 3C\hat{\rho}^3} \tag{3-18}$$

$$C_V^0 = 3R_g/2 \tag{3-19}$$

$$C_{0p} = 5R_g/2 \tag{3-20}$$

定压比热与定容比热：

$$C_p = C_p1/M \tag{3-21}$$

$$C_V = C_V1/M \tag{3-22}$$

$$M = x_1 M_1 + x_2 M_2 \tag{3-23}$$

氦氙混合物动力黏度：

$$\bar{\mu}(T,P) = \bar{\mu}^0(T) + \left(1 - \frac{1}{2.3}\right)\mu_1^* \times \Psi_\mu\left(\frac{0.291 \times \overline{V}^*}{\overline{M}}\rho\right) \tag{3-24}$$

其中

$$\bar{\mu}^0 = \frac{\mu_1^0 0}{1 + f_{12}x_2/x_1} + \frac{\mu_2^0}{1 + f_{21}x_1/x_2} \tag{3-25}$$

$$f_{12} = \frac{\mu_1^0}{\mu_{12}}\left[\frac{2m_1 m_2}{(m_1 + m_2)^2}\right] \times \left[\frac{5}{3A_{12}^*} + \frac{m_2}{m_1}\right] \tag{3-26}$$

$$f_{12} = \frac{\mu_2^0}{\mu_{12}}\left[\frac{2m_1 m_2}{(m_1 + m_2)^2}\right] \times \left[\frac{5}{3A_{12}^*} + \frac{m_1}{m_2}\right] \tag{3-27}$$

$$\mu_{12} = 3.40998 \times 10^{-7}(T - 45.89)^{0.658754} \tag{3-28}$$

$$\Psi_\mu(\rho/\rho_{cr}) = \Psi_\mu(\rho_r) = 0.221\rho_r + 1.062\rho_r^2 - 0.509\rho_r^3 + 0.225\rho_r^4 \tag{3-29}$$

氦氙混合物的导热系数：

$$\bar{\lambda}(T,P) = \bar{\lambda}^0(T) + \left(1 - \frac{1}{2.94}\right)\bar{\lambda}^* \times \Psi_k\left(\frac{0.291 \times \overline{V}^*}{\overline{M}}\rho\right) \tag{3-30}$$

$$\bar{\lambda}^* = 0.304 \times 10^{-4}\frac{(\overline{T}^*)^{0.277}}{\overline{M}^{0.465}(0.291 \times \overline{V}^*)^{0.415}} \tag{3-31}$$

$$\bar{\lambda}^0 = \left[\frac{x_1^2}{L_{11}} - \frac{2x_1 x_2 L_{12}}{L_{11}L_{22}} - \frac{x_2^2}{L_2 2}\right] \times \left[1 - \frac{L_{12}^2}{L_{11}L_{22}}\right]^{-1} \tag{3-32}$$

$$\bar{\lambda}^0 = \left[\frac{x_1^2}{L_{11}} - \frac{2x_1 x_2 L_{12}}{L_{11}L_{22}} - \frac{x_2^2}{L_2 2}\right] \times \left[1 - \frac{L_{12}^2}{L_{11}L_{22}}\right]^{-1} \tag{3-33}$$

$$L_{11}=\frac{x_1^2}{\lambda_1^0}+\frac{x_1 x_2}{2\lambda_{12}}\times\frac{(15/2)\,m_1^2+(25/4)\,m_2^2-3m_2^2 B_{12}^*+4m_1 m_2 A_{12}^*}{(m_1+m_2)^2 A_{12}^*} \tag{3-34}$$

$$L_{22}=\frac{x_2^2}{\lambda_2^0}+\frac{x_1 x_2}{2\lambda_{12}}\times\frac{(15/2)\,m_2^2+(25/4)\,m_1^2-3m_1^2 B_{12}^*+4m_1 m_2 A_{12}^*}{(m_1+m_2)^2 A_{12}^*} \tag{3-35}$$

$$L_{12}=\frac{x_1 x_2}{2\lambda_{12}}\times\frac{m_1 m_2}{(m_1+m_2)^2 A_{12}^*}\times(55/4-3B_{12}^*-4A_{12}^*) \tag{3-36}$$

$$\lambda_{12}=\frac{15}{4}\frac{kbo}{m_{12}}\mu_{12}f_{12} \tag{3-37}$$

式中,A_{12}、B_{12} 为氦氙气体无量纲碰撞积分的比值,对于氦气、氙气,取值为 1.094~1.119。

混合工质普朗特数:

$$P_r=\frac{\mu C_p}{\lambda} \tag{3-38}$$

图 3-1 为氦氙混合气体物性计算模型的计算流程图。从流程图可以看出,本计算模型以氦氙混合气体的温度、压力及氦气的摩尔占比为输入参数,通过使用维里系数计算氦氙混合气体的密度,将氦氙混合气体的物性与其自身的温度、压力以及混合比联系起来。维里系数反映了氦分子和氙分子之间的相互影响,由于对维里系数计算到三阶已经可以得到相当高的精度,因此忽略三阶以上的维里系数。

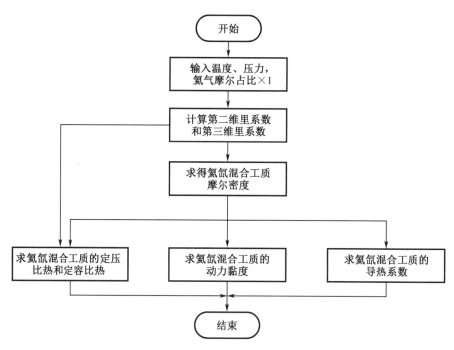

图 3-1 氦氙气体物性公式理论计算流程图

3.2.2　氦氙混合气体物性计算模型的验证

图 3-2 和图 3-3 分别给出了压力为 0.1 MPa、不同温度和摩尔混合比下的氦氙混合气体模型计算值与实验值的动力黏度和导热系数,其中实验值由 Tournier 总结所得。从图中可以看出,对于不同温度下氦氙工质的动力黏度和导热系数,计算模型的计算值与实验值基本吻合,将对应态原理应用于 Chapman-Enskog 理论得到的氦氙混合气体计算模型具有很高的计算精度。

从图 3-2 可以看出,在压力和温度相同时,氙气的动力黏度约为氦气的 1.2~1.5 倍,随着在氦气中加入氙气,氦氙混合气体的动力黏度先增大后减小。当压力相同时,随着温度的升高,混合气体的动力黏度明显增加,不同温度下的氦氙工质动力黏度极值点对应的氙气摩尔占比为 15%~40%,且随着温度升高,动力黏度极值点对应的氙气占比增大。

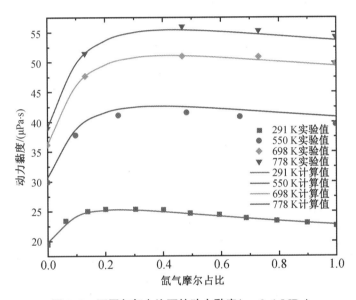

图 3-2　不同氙气占比下的动力黏度($p=0.1$ MPa)

从图 3-3 可以看出,压力和温度相同时,氦气的导热系数远高于氙气,因此随着氦氙混合气体中氙气摩尔占比的增加,混合气体的导热系数大幅度降低。当压力和氙气摩尔占比相同时,随着温度升高,混合气体的导热系数增大。

质的动力黏度和导热系数是离心压气机设计中工质部分的重要参数,精确的氦氙混合气体物性参数有助于得到性能更好的压气机。从图 3-2 中可以看出各温度下动力黏度的极值点均大于对应温度和压力下的氦气及氙气的动力黏度,表明氦氙混合气体物性不是各组分物性的加权平均,再次证明了研究氦氙混合气体物性的必要性。

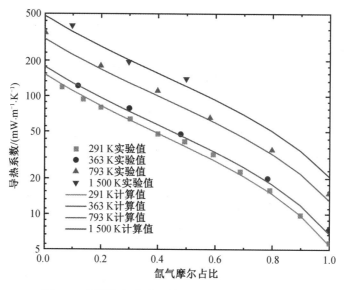

图 3-3　不同氙气占比下的导热系数($p=0.1$ MPa)

3.2.3　氦氙混合气体的物性分析

本节以压力 1.2 MPa、温度 400 K 工况为例对氦氙混合气体物性进行研究。

图 3-4(a)给出了压力为 1.2 MPa 时,不同温度和不同氙气占比的氦氙混合气体比热比。其中氙气摩尔占比 0 时对应纯氦气体,氙气摩尔占比为 1 时对应纯氙气体。从图中可以看出不同温度下的纯氦气体比热比均为 1.667,而纯氙气体的比热比均高于纯氦气,因此随着氦氙混合气体中氙气摩尔占比的增大,混合气体的比热比也增大。氙气比热比受温度影响较大,随着温度降低,氙气的比热比值增大,300 K 时的氙气的比热比相较于 500 K 时增加了 6.42%。

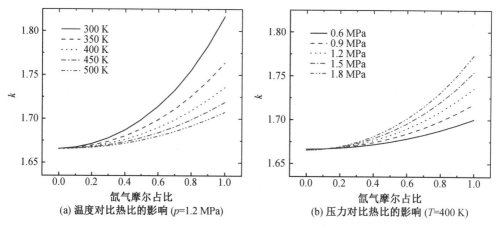

(a) 温度对比热比的影响 (p=1.2 MPa)　　(b) 压力对比热比的影响 (T=400 K)

图 3-4　温度和压力对比热比的影响

图 3-4(b)给出了温度为 400 K 时,不同压力下,不同氙气占比的氦氙混合气体比热比。纯氦气体的比热比基本不受压力影响。而对于纯氙气体,可以看出压力对纯氙气体和氦氙混合气体的影响规律与温度相反,随着压力的增大,氦氙混合气体比热比增大。不同压力下的纯氙气体的比热比依然均大于纯氦气体,因此随着氦氙混合气体中氙气摩尔占比的增大,混合气体的比热比也增大。

图 3-5(a)给出了压力 1.2 MPa 时,不同温度及不同氙气摩尔占比下氦氙混合气体的动力黏度。从图中可以看出,温度对纯氦气和纯氙气的动力黏度均有影响,随着温度的升高,两种气体的动力黏度均增大。在同一温度和压力下,氙气的动力黏度高于氦气,动力黏度随氙气摩尔占比增大的变化规律以及对应极值点随温度的变化规律与图 3-2 所分析相同,此处不再赘述。图 3-5(b)给出了温度为 400 K 时,不同压力及不同氙气占比下的氦氙混合气体的动力黏度。可以看出,压力对氦气、氙气以及氦氙混合气体的动力黏度影响均比较小,可以忽略不计。

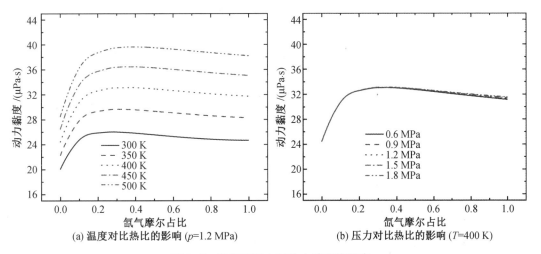

(a) 温度对比热比的影响 (p=1.2 MPa)   (b) 压力对比热比的影响 (T=400 K)

图 3-5 温度和压力对动力黏度的影响

图 3-6(a)给出了压力为 1.2 MPa 时,不同温度下及不同氙气占比下氦氙混合气体的导热系数。从图中可以看出,温度对纯氦气的导热系数影响较大,随着温度的升高,氦气导热系数增大。氙气导热系数也随温度的升高而增大。在同一温度和压力下,氙气的导热系数远小于氦气,因此混合气体导热系数随氙气摩尔占比增大而减小。图 3-6(b)给出了温度为 400 K 时,不同压力下及不同氙气占比下氦氙混合气体的动力黏度。可以看出压力对氦气,氙气以及氦氙混合气体的导热系数影响较小,可以忽略不计。

图 3-7(a)给出了压力为 1.2 MPa、不同温度下氦氙混合气体定压比热容随氙气摩尔占比的变化,图 3-7(b)给出了温度为 400 K、不同压力下氦氙混合气体定压比热容随氙气摩尔占比的变化。从图中可以看出,纯氦气的定压比热容远大于纯氙气,约为纯氙气的 24.4 倍。压力和温度基本不会影响氦氙气体的定压比热容,氦氙混合气体的定压比热容取决于氦气的占比,氦气占比越多,混合气体定压比热容越大。

由于图 3-7 未能反映出温度和压力对氦氙气体定压比热容的影响,因此选取氙气占比为 0.4、0.5、0.6 时各温度、压力下的氦氙气体比热容进行比较。图 3-8(a)给出了压力为

1.2 MPa 时,不同温度下及不同氙气占比下氦氙混合气体的定压比热容。图 3-8(b)给出了温度为 400 K 时,不同压力下及不同氙气占比下氦氙混合气体的定压比热容。可以看出升高温度会使定压比热容减小,增大压力会使定压比热容增大。但总体而言压力和温度对定压比热容影响较小。压力为 1.2 MPa、氙气占比为 0.5 时,温度从 300 K 升高到 500 K,定压比热容仅降低 4.6%。温度为 400 K、氙气占比为 0.5 时,压力从 0.6 MPa 增加到 1.8 MPa,定压比热容仅升高 1.51%。

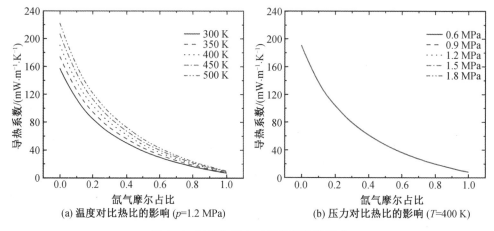

(a) 温度对比热比的影响 (p=1.2 MPa)　　　　(b) 压力对比热比的影响 (T=400 K)

图 3-6　温度和压力对导热系数的影响

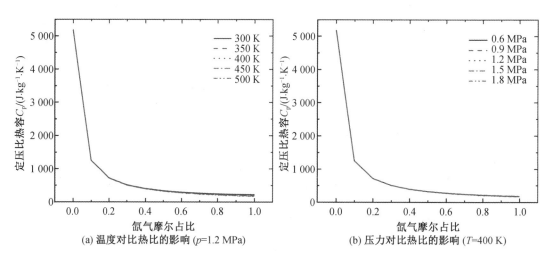

(a) 温度对比热比的影响 (p=1.2 MPa)　　　　(b) 压力对比热比的影响 (T=400 K)

图 3-7　温度和压力对定压比热容的影响

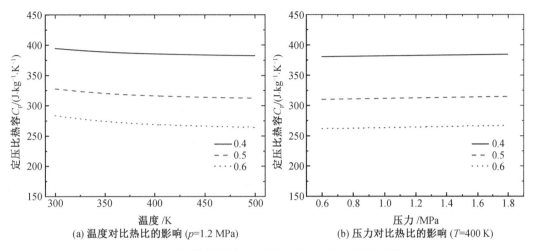

(a) 温度对比热比的影响 (p=1.2 MPa)　　(b) 压力对比热比的影响 (T=400 K)

图 3-8　不同混合比例下温度和压力对定压比热容的影响

3.3　氦氙混合工质压气机设计方法

3.3.1　氦氙离心压气机的气动设计

离心压气机是通过高速旋转产生很大的离心力,通过离心力对气体做功将气体进行压缩的装置。如图 3-9 所示为离心压气机示意图。

分析和设计离心压气机必须以充分理解压气机内的流动机理为基础,通过基本方程对离心压气机进行一维设计来确定轮缘轮毂及出口直径等主要尺寸参数。因此,一维设计是设计高效离心压气机的关键,其计算结果的优劣很大程度影响压气机的设计能否成功。

本章以表 3-1 所示的性能指标为例详细说明氦氙混合工质压气机设计方法。

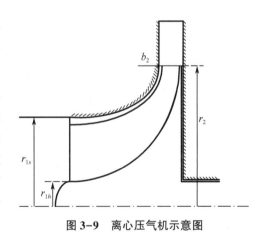

图 3-9　离心压气机示意图

表 3-1　离心压气机性能指标

性能参数	参数值
总压比	2.3
效率	84.5%
喘振裕度	≥15%

进行压气机初步设计时应已知叶轮进口参数的总温 T_0，总压 p_0 和质量流量，本章设计压气机进口参数如表 3-2 所示。

表 3-2 离心压气机进口参数

进口参数	单位	参数值
总压	MPa	0.8
总温	K	323
质量流量	kg/s	2.3
转速	r/min	55 000

以下是离心压气机设计的理论公式[2]。

通过质量流量，初步估计进口轴向速度值 C_{m1}。

$$C_{\theta 1} = C_{m1} \tan \alpha_1 \tag{3-39}$$

$$C_1 = (C_{m1}^2 + C_{\theta 1}^2)^{1/2} \tag{3-40}$$

$$T_1 = T_0 - \frac{C_1^2}{2C_p} \tag{3-41}$$

$$Ma_1 = \frac{C_1}{\sqrt{kRT_1}} \tag{3-42}$$

$$p_1 = p_0 \left(\frac{T_1}{T_0}\right)^{k/(k-1)} \tag{3-43}$$

$$\rho_1 = \frac{p_1}{RT_1} \tag{3-44}$$

$$A_f = \frac{\dot{m}}{\rho_1 C_{m1}(1-B_1)} \tag{3-45}$$

$$r_{1s} = \left(\frac{A_f}{\pi} + r_{1h}^2\right) \tag{3-46}$$

$$U_{1s} = \frac{2\pi r_{1s} n}{60} \tag{3-47}$$

$$W_{1s} = \left[C_{1m}^2 + (U_{1s} - C_{\theta 1})^2\right]^{1/2} \tag{3-48}$$

$$\beta_1 = \tan^{-1}\left(\frac{U_1 - C_{\theta 1}}{C_{m1}}\right) \tag{3-49}$$

叶轮入口设计目的是使进口轮缘处马赫数最小。研究表明，当给定压气机进口的质量流量和轮毂的直径时，轮缘直径由略大于轮毂直径逐渐增大，轮缘处的马赫数先减小后增大，存在唯一的最小马赫数。公式(3-39)到(3-49)为确定压气机进口参数，经过迭代获得最小 W_{1s}。

计算离心压气机进口参数需要使用氦氙混合气体的比热容及比热比值。在设计时已经给定氙气占比，由于进口速度较小，进口总温和总压与静温和静压相差较小，因此采用 0.8 MPa、323 K 条件下的氦氙物性进行进口设计计算，此工况下的氦氙物性参数如表 3-3 所示。

表 3-3　进口氦氙气体物性参数

参数	单位	数值
氦气摩尔分数	%	71.7
氙气摩尔分数	%	28.3
分子量	$g \cdot mol^{-1}$	40
定压比热	$J \cdot (kg \cdot K)^{-1}$	522.633
比热比		1.671 91
动力黏度	$\mu Pa \cdot s$	27.611 2
热导率	$W \cdot (m \cdot K)^{-1}$	0.070 736
普朗特数		0.204
音速	$m \cdot s^{-1}$	335.978

叶轮出口计算时包含简单的性能计算,使求得的压气机出口参数满足整个压气机压比要求。其计算公式为

$$\Delta h_{0s} = \frac{kRT_0}{k-1}\left(\pi_{is}^{\frac{k-1}{k}} - 1\right) \tag{3-50}$$

$$W_x = \Delta h_0 = C_p(T_{02} - T_0) \tag{3-51}$$

$$T_{02} = T_0 + \Delta h_0 \frac{k-1}{kR} \tag{3-52}$$

$$U_2 = \left(\frac{U_1 C_{\theta 1} + W_x}{\mu}\right)^{\frac{1}{2}} \tag{3-53}$$

$$d_2 = \frac{60 U_2}{\pi n} \tag{3-54}$$

$$C_{\theta 2} = \mu U_2 \tag{3-55}$$

$$C_{m2} = \lambda_2 C_{\theta 2} \tag{3-56}$$

$$T_2 = T_{02} - \frac{k-1}{2kR}(C_{\theta 2}^2 + C_{m2}^2) \tag{3-57}$$

$$\frac{p_{02}}{p_0} = \left(\frac{T_{02}}{T_0}\right)^{\frac{k}{k-1}} = \left(\frac{W_x \eta_1 / C_p + T_0}{T_0}\right)^{\frac{k}{k-1}} \tag{3-58}$$

$$\frac{p_{02}}{p_2}\left(\frac{T_{02}}{T_2}\right)^{\frac{k}{k-1}} \tag{3-59}$$

$$\rho_2 = \frac{p_2}{RT_2} \tag{3-60}$$

$$A_2 = \frac{\dot{m}}{\rho_2 C_{m2}} = \pi d_2 b_2 \tag{3-61}$$

$$b_2 = \frac{A_2}{\pi d_2} \tag{3-62}$$

$$\eta_s = \frac{\left(\dfrac{p_{02}}{p_0}\right)^{\frac{k-1}{k}} - 1}{\dfrac{T_{02}}{T_0} - 1} \tag{3-63}$$

经过不断迭代,当 $p_{02}/p_0 = \pi_{is}$ 时停止,得到叶轮出口参数。

经过初步预估,压气机叶轮出口温度为 420 K 左右,压力为 1.45 MPa。温度升高约 100 K,压力增加约 0.65 MPa。可见压气机内温度和压力变化较大,由第 3.1 节结论可知,压气机进出口的氦氙气体物性有较大差异,使用进口条件所给氦氙物性会引起设计误差。因此,对设计计算法中氦氙工质物性部分进行优化处理,每完成一次循环计算,得到叶轮进出口温度和压力的均值,采用均值工况下的物性进行新一轮的迭代。优化后整个叶轮理论公式设计流程图如图 3-10 所示。

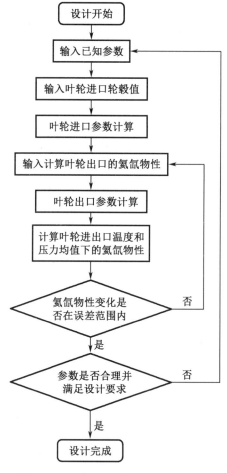

图 3-10　压气机理论公式设计流程图

表 3-4 给出了经过叶轮进出口计算得到的输入的参数,其中对于氦氙工质物性部分,通过对叶轮进出口计算得到的进出口温度和压力进行平均,并输入到氦氙混合气体物性计算程序得到。

相较于表 3-3 所示进口氦氙气体物性参数,在最终优化算法后,叶轮出口处的氦氙混合气体动力黏度升高了 12.5%,热导率升高了 11.6%。可以看出使用进口参数物性会引起一定误差,再次验证氦氙工质物性研究的必要性。

表 3-4　叶轮进出口计算所得输入参数

参数	单位	数值
进口轮毂	mm	12
工质动力黏度	μPas	31.058 6
工质气体常数	J·(kg·K)$^{-1}$	210.521
工质比热比	—	1.672 9
热导率	W·(m·K)$^{-1}$	0.078 900 4
叶片进口边与轴向夹角	(°)	90
叶片出口边与径向夹角	(°)	90
进口攻角	(°)	0
轮毂叶片厚度	mm	1
轮缘叶片厚度	mm	0.5
叶顶间隙	mm	0.2
主叶片数	—	7
分流叶片数	—	7
后弯角	(°)	45
前倾角	(°)	0
扩压器类型	—	vaneless
扩压器结构类型	—	without pinch
扩压器出口高度/进口高度	—	1.0
扩压器出口半径/进口半径	—	1.3

表 3-5 所示为离心叶轮进出口详细参数。

表 3-5　离心叶轮进出口详细参数

参数		单位	数值
叶轮进口	轮毂半径	mm	12
	轮缘半径	mm	28.8
	轮毂叶片安装角	(°)	36.8

表 3-5（续 1）

参数		单位	数值
叶轮进口	轮毂相对速度	m/s	115.38
	轮毂绝对速度	m/s	92.38
	轮毂相对马赫数	—	0.35
	轮毂处静温	K	314.79
	轮毂处静压	Pa	749 603
	中径叶片安装角	(°)	52.64
	中径相对速度	m/s	159.86
	中径绝对速度	m/s	97
	中径相对马赫数	—	0.48
	中径处静温	K	313.94
	中径处静压	Pa	799 451
	轮缘叶片安装角	(°)	58.45
	轮缘相对速度	m/s	194.65
	轮缘绝对速度	m/s	101.85
	轮缘相对马赫数	—	0.59
	轮缘处静温	K	313.02
	轮缘处静压	Pa	739 111
叶轮出口	出口半径	mm	59
	轮毂相对气流角	(°)	47.8
	轮毂绝对气流角	(°)	62.8
	轮毂相对速度	m/s	165.9
	轮毂绝对速度	m/s	243.87
	轮毂处静温	K	407.65
	轮毂处静压	Pa	1 430 321
	中径相对气流角	(°)	55.61
	中径绝对气流角	(°)	75.71
	中径相对速度	m/s	255.58
	中径绝对速度	m/s	111.66
	中径处静温	K	426.28

表 3-5(续 2)

参数		单位	数值
叶轮进口	中径处静压	Pa	1 452 807
	轮缘相对气流角	(°)	45
	轮缘绝对气流角	(°)	82.91
	轮缘相对速度	m/s	53.16
	轮缘绝对速度	m/s	304.55
	轮缘处静温	K	431.42
	轮缘处静压	Pa	1 430 321
	绝对马赫数	—	0.66
	总压比	—	2.49

3.3.2　氦氙离心压气机中分流叶片对压气机的影响

本章以前两节设计出的压气机叶轮及扩压器为模型。研究分流叶片对离心压气机的影响,需要对分流叶片的位置进行定义。本节采用的分流叶片均由主叶片截短而来,分流叶片前缘几何型线与主叶片相同,均为圆弧。因此在同一周向位置(除分流叶片前缘段),主叶片与分流叶片叶型完全相同。

主叶片的长度为 l_1,分流叶片的长度为 l_2,分流叶片长度系数定义为

$$l = l_2/l_1 \tag{3-64}$$

图 3-11 为分流叶片周向位置定义。取一分流叶片,其到两相邻主叶片的周向长度分别为 θ_1 和 θ_2。分流叶片周向系数 θ 定义为

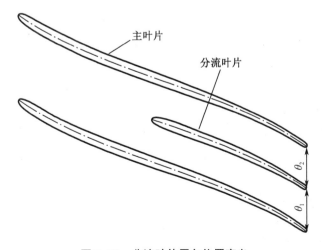

图 3-11　分流叶片周向位置定义

$$\theta = \frac{\theta_1}{\theta_1 + \theta_2} \qquad (3-65)$$

l 反映了分流叶片长度,其范围为 [0%, 100%],即分流叶片长度为 0 到与主叶片长度相等。θ 反映了分流叶片周向位置,其范围为 (0%, 100%),从主叶片压力面到吸力面且不包含压力面和吸力面。

不同结构的分流叶片会影响叶轮出口处气流的马赫数及总压分布,导致流体在后续扩压器内流动情况也不相同。为了避免分布不同的气流在动静交界面及后续流动对压气机性能的影响,本节在叶轮出口连接无叶扩压器进行数值计算。

图 3-12 和图 3-13 分别给出了不同长度、结构的分流叶片在设计点下离心压气机的压比和效率变化图。由图 3-12 可知,分流叶片长度相同时,随着叶片周向位置从主叶片压力面到吸力面的变化过程中,压比均呈现先增大后减小的趋势。增加分流叶片的长度可以改善压气机内部流场,但是过长的叶片也会导致更大的摩擦损失。从图 3-12 中可以看出不同周向位置的分流叶片均有对应的最佳长度,对比这些最佳长度可知,较长的分流叶片在靠近流道中心位置时改善性能作用越好,在靠近主叶片的位置时改善性能作用较差,而短叶片与之相反。

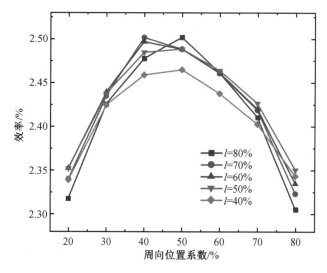

图 3-12 不同长度分流叶片条件下压比变化

分析图 3-13 可知,对于 $l > 50\%$ 的分流叶片,其效率变化趋势与压比变化趋势一致。对于过短的分流叶片,以 $l = 40\%$ 为例,分流叶片过短使得流体在到达分流叶片位置时流动状况较差,加上较短的叶片对流场改善能力较差,导致分流叶片带来的损失高于分流叶片对流场的调整,出现了越靠近中间的叶片对流动影响越大,压气机效率越低的情况。

综合分析特性变化曲线发现,过于靠近主叶片和过短的分流叶片对压气机优化效果较差,其对应的压气机性能偏低。压气机高性能点集中在 $\theta = 40\% \sim 60\%$、$l = 60\% \sim 80\%$ 的区域,其中分流叶片靠近压力面比靠近吸力面能更好地改善压气机性能。分流叶片存在最佳位置,即 $\theta = 40\%$、$l = 70\%$,此时压气机的压比和效率均为最大值,压气机的压比为 2.502,效率为 91.67%。

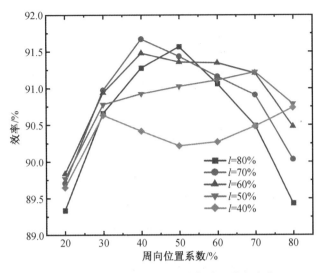

图 3-13　不同结构分流叶片条件下效率变化

图 3-14 给出了压气机不同工况条件下分流叶片结构对压气机性能的影响。对比分析不同工况下 $l=70\%$，$\theta=20\%$、40%、70% 的压气机性能。可以发现在大部分工况下，分流叶片周向位置对压气机性能的影响与设计点下相同，但随着流量减小，$\theta=40\%$、$l=70\%$ 的效率下降较快，在近喘振点处，$\theta=70\%$ 的效率甚至略高于 $\theta=40\%$ 对应的效率，这说明在近喘振工况下，分流叶片靠近主叶片吸力面会有更高的效率。对比分析不同工况下 $\theta=40\%$，$l=40\%$、70%、80% 的压气机性能，可以发现全工况下分流叶片长度对离心压气机性能的影响与设计工况下相同。在近堵塞工况下，$l=80\%$ 对应的压气机性能下降幅度较大，这是由于分流叶片过长，分流叶片进口处流通面积减小，当流量较大时，存在一定堵塞作用使压气机性能快速下降。

图 3-15 给出设计点下不同结构分流叶片的离心压气机 60% 叶高处的马赫数分布。分析图 3-15（a）（b）（c）可知，过短的分流叶片未能起到改善流场的作用，在短分流叶片的两侧都存在着较大的低速区，其低速区对应的涡流导致叶轮出口流场变差，损失增加。对比图 3-15（d）（e）（f）与 3-15（g）（h）（i）可以发现，在相同周向位置时，压气机内的马赫数分布较为相似，但是 $l=80\%$ 的分流叶片由于过于靠近压气机进口，工质流动到分流叶片起始位置时速度较大，导致分流叶片叶尖的马赫数较高，叶尖周围的高马赫数区域较大，造成更多的摩擦损失，效率降低。

综合分析图 3-15，当分流叶片长度相同而周向位置不同时，位于 $\theta=40\%$ 处的分流叶片对流场改善效果最好，此位置分流叶片两侧的马赫数分布更加均匀且低速区小。位于 $\theta=20\%$ 处的分流叶片由于过于靠近主叶片压力面，导致其只能对较小流域（即分流叶片吸力面到左侧主叶片）的流场进行有效改善，而对于大部分流域（即分流叶片压力面到右侧主叶片）的流体没有起到很好的改善作用，在主叶片的吸力面侧均出现了较大的低速区，不仅会堵塞出口，也会造成较大损失。对于位于 $\theta=80\%$ 处的分流叶片，其特点与 $\theta=20\%$ 时类似，均不能在大流域侧对流体的低速区进行有效抑制，不同之处在于，$\theta=80\%$ 时流道内的低速区集中在分流叶片吸力面侧而非主叶片吸力面侧。

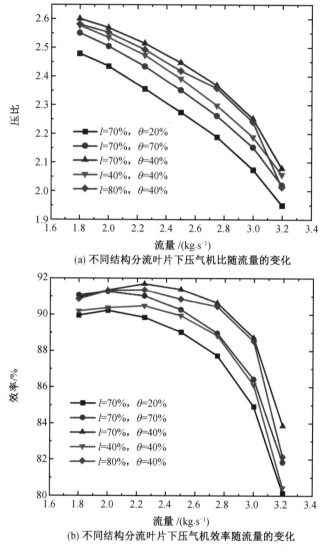

(a) 不同结构分流叶片下压气机比随流量的变化

(b) 不同结构分流叶片下压气机效率随流量的变化

图 3-14 压气机特性曲线

位于 $\theta=40\%$、$l=70\%$ 处分流叶片的整流作用最好,马赫数分布最为均匀,其对叶顶泄漏涡在流道内的发展起到了较好的抑制作用,使流道内的流体均匀分布在叶片两侧,且位于尾迹处的低速区域明显更小,使得叶轮出口处的流场更加均匀,更好的均匀性也会使整个压气机性能更好。

图 3-16 和 3-17 所示为不同分流叶片结构下的叶轮出口处的速度和熵增分布图。其中熵增 s 定义为

$$s = s^* - s_{a,\text{in}} \qquad (3-66)$$

式中　$s*$——当地静熵,$\text{J} \cdot (\text{kg} \cdot \text{K})^{-1}$;

　　　$s_{a,\text{in}}$——进口平均静熵,$\text{J} \cdot (\text{kg} \cdot \text{K})^{-1}$。

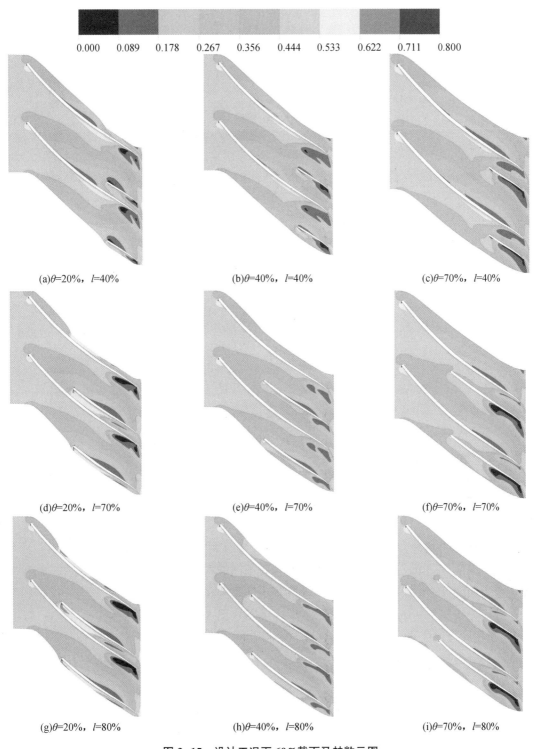

0.000　0.089　0.178　0.267　0.356　0.444　0.533　0.622　0.711　0.800

(a)θ=20%，l=40%　　　　(b)θ=40%，l=40%　　　　(c)θ=70%，l=40%

(d)θ=20%，l=70%　　　　(e)θ=40%，l=70%　　　　(f)θ=70%，l=70%

(g)θ=20%，l=80%　　　　(h)θ=40%，l=80%　　　　(i)θ=70%，l=80%

图 3-15　设计工况下 60%截面马赫数云图

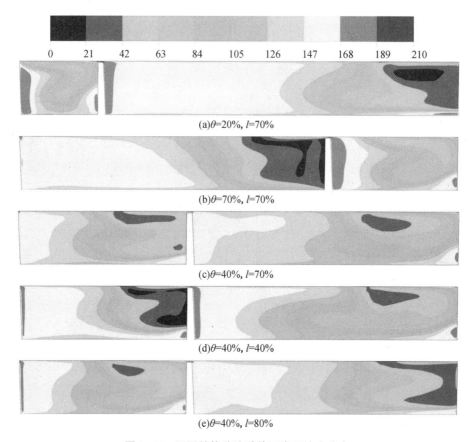

图 3-16　不同结构分流叶片下出口速度分布

综合分析图 3-16 和图 3-17 可知,速度云图与熵增云图对应,在低速区对应较大的损失。$\theta=40\%$、$l=60\%$结构下的压气机出口速度分布最均匀,对应出口损失也最小。分析图 3-16(a)与图 3-17(a)、图 3-16(b)与图 3-17(b)、图 3-16(c)与图 3-17(c)可知,相同长度($l=70\%$)的分流叶片,$\theta=40\%$时压气机出口速度分布更加均匀,低速区明显减小。过于靠近压力面的 $\theta=20\%$、$l=70\%$结构,在主叶片吸力面会有较大的低速区,损失较高。而过于靠近吸力面的 $\theta=70\%$、$l=70\%$结构,低速高损失区集中在分流叶片吸力面,这与上文所得结论一致。分析图 3-16(c)、图 3-17(c),图 3-16(d)、图 3-17(d)与图 3-16(e)、图 3-17(e)可知,在相同周向位置($\theta=40\%$),$l=40\%$时由于叶片较短,对流动改善较差,在分流叶片吸力面有部分高损失区,对比 $l=70\%$与 $l=80\%$发现,叶片过长也会使出口流场均匀性下降,损失增加。

氦氙离心压气机中,由于叶片相对机匣的高速转动以及叶片表面载荷分布的作用,叶顶间隙处叶片压力面的氦氙气体从间隙流向此叶片的吸力面,这些间隙泄漏流在基本沿周向方向的哥氏力和流道沿周向压力梯度的影响下,在流道内形成了叶顶泄漏涡。叶顶泄漏涡会造成极大的损失,降低压气机的性能。图 3-18 给出了叶顶泄漏流线及部分流道截面的熵增云图。从图中可以看出,叶顶区域高熵增区域最大,在流道40%处叶片吸力面侧在叶顶已经形成较大的高熵增区,随着工质的流动,叶顶泄漏涡与周围流体进行掺混,高损失区在周向和轴向方向进一步扩大。观察叶顶流线与高熵增区分布,明显看出叶顶泄漏涡流是引起高损失的主要原因之一。对比不同结构的分流叶片对叶顶泄漏涡的影响来分析其对压气机性能的影响。分析图 3-18(a)和图 3-18(b)可知,过于靠近压力面或者吸力面的分流叶片不能有效抑制间隙泄漏涡的掺混作用,对流场改善作用较差,在出口叶顶处熵增相对较高。图 3-18(d)方案由于分流叶片过短,当流体到达分流叶片处时,叶顶泄漏涡已经扩散到较大的区域,分流叶片对泄漏涡的作用下降。图 3-18(c)所示方案对泄漏涡进行了有效的调整,主叶片叶顶间隙处引发的泄漏涡被分为两个较弱的分支,削弱了泄漏涡的扩散和掺混,起到降低流动损失的作用。

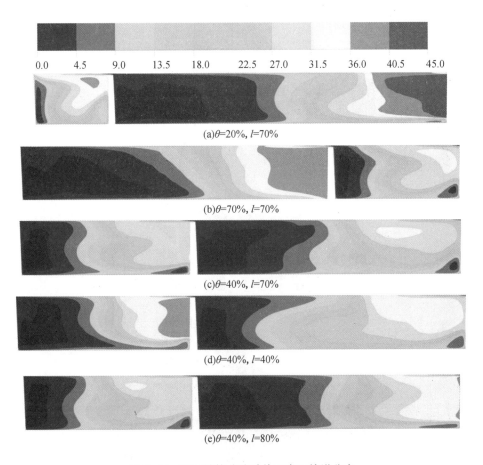

$(a)\theta=20\%, l=70\%$

$(b)\theta=70\%, l=70\%$

$(c)\theta=40\%, l=70\%$

$(d)\theta=40\%, l=40\%$

$(e)\theta=40\%, l=80\%$

图 3-17　不同结构分流叶片下出口熵增分布

为了进一步研究加装分流叶片对离心压气机的影响,本节又对无分流叶片(设计一)和有分流叶片(设计二)两种离心压气机内的流场进行分析。其中无分流叶片的离心压气机的叶片数为 12,有分流叶片的离心压气机采用 7 个主叶片加 7 个分流叶片的设计,两种设计其余参数均相同。对于无分流叶片的设计一,叶片数已经过调整使得压气机效率性能最高。对于有分流叶片的设计二,对分流叶片位置及长度进行了优化使效率性能最高,分流叶片优化方式已在上文叙述,此处不再赘述。

图 3-19、图 3-20、图 3-21、图 3-22 给出了两种设计下氦氙离心压气机内的马赫数和熵值分布。从图中可以看出低速高熵流体主要集中在靠近轮缘处和叶片吸力面侧部分,这

是由于离心压气机转速较大,工质流动时受到的哥氏力基本沿周向方向,在哥氏力的影响下,流道内产生了强烈的二次流,这种二次流将叶片表面的边界层推向轮缘处。位于相同叶片位置压力面的压力大于吸力面,这种压力分布使轮缘和轮毂附近叶片压力面上的边界层流向叶片吸力面。

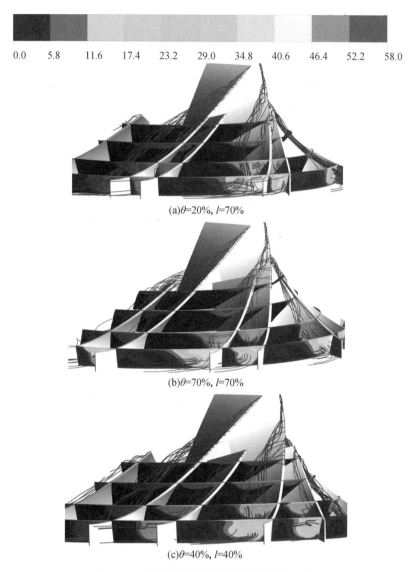

(a)θ=20%, l=70%

(b)θ=70%, l=70%

(c)θ=40%, l=40%

图 3-18 叶顶泄漏流线及流道截面熵增云图

对比分析图 3-19 和图 3-21,从 90% 叶高马赫数分布图中可以明显看出分流叶片将设计一中较大的低速区分为两个较小的低速区,其中低速区主要集中在分流叶片吸力面侧流道,而靠近分流叶片压力面侧流道低速区较小。对比图 3-20 和图 3-22,可以发现在 10% 和 50% 处的熵增区面积及静熵值均有减小,从 90% 叶高静熵分布图可以看出,采用分流叶片使高熵值流体起始位置延后,并向压力面偏移,流道内高熵值流体主要集中在分流叶片靠吸力面侧的流道,而分流叶片靠压力面侧的流道熵值有明显减小。本次设计一离心压气机效率为 90.39%,设计二离心压气机效率为 91.68%,采用分流叶片压气机效率提升了 1.29%。

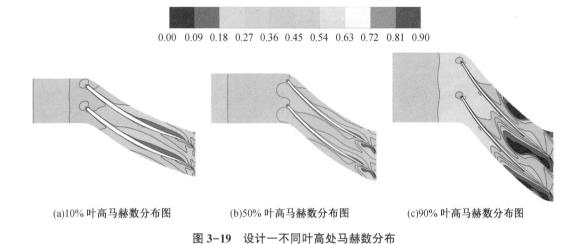

(a)10% 叶高马赫数分布图　　(b)50% 叶高马赫数分布图　　(c)90% 叶高马赫数分布图

图 3-19　设计一不同叶高处马赫数分布

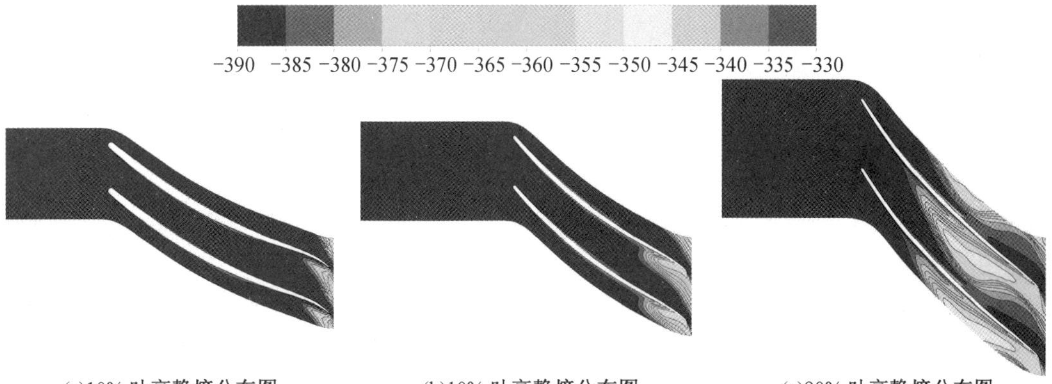

(a)10% 叶高静熵分布图　　(b)10% 叶高静熵分布图　　(c)90% 叶高静熵分布图

图 3-20　设计一不同叶高处静熵分布

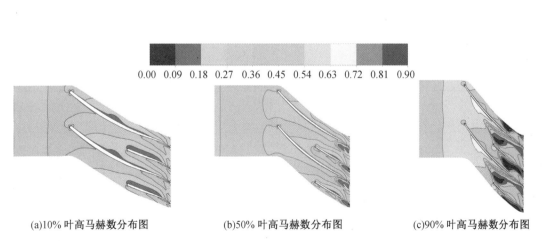

(a)10% 叶高马赫数分布图　　(b)50% 叶高马赫数分布图　　(c)90% 叶高马赫数分布图

图 3-21　设计二不同叶高处马赫数分布

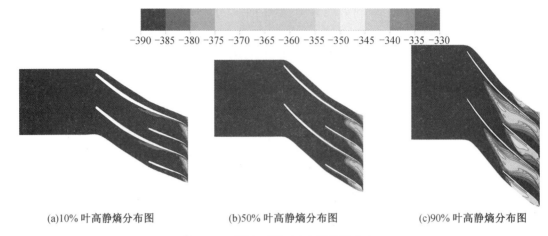

−390 −385 −380 −375 −370 −365 −360 −355 −350 −345 −340 −335 −330

(a)10%叶高静熵分布图　　　　(b)50%叶高静熵分布图　　　　(c)90%叶高静熵分布图

图 3−22　设计二不同叶高处静熵分布

　　本节通过对比有无分流叶片两种设计方案,初步探索了采用分流叶片结构对氦氙离心压气机性能及流场的影响。在氦氙离心压气机中,合理的分流叶片可以有效调节流道中的高熵值流体,优化工质流动。

3.3.3　氦氙离心压气机中叶顶间隙对压气机性能的影响

　　由前文可知,引起叶轮内损失的二次流开始于叶顶处,叶顶间隙参数的不同会影响二次流的形成与发展,进而影响离心压气机的性能。在分流叶片(设计二)基础上,采用不同形态的叶顶间隙,研究叶顶间隙对离心压气机性能的影响。对离心压气机间隙定义如图 3−23 所示。

　　表 3−6 和表 3−7 给出了不同形态下的叶轮叶顶间隙的尺寸及其对应的氦氙离心压气机性能参数。

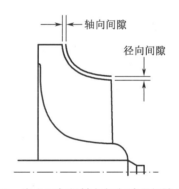

图 3−23　离心压气机轴向径向叶顶间隙示意图

表 3−6　不同形态下的离心压气机间隙尺寸参数

间隙形态	前缘径向间隙	尾缘轴向间隙
形态 1	0.1 mm	0.1 mm
形态 2	0.2 mm	0.2 mm
形态 3	0.2 mm	0.25mm
形态 4	0.25 mm	0.2 mm
形态 5	0.25 mm	0.25 mm
形态 6	0.25 mm	0.3 mm
形态 7	0.3 mm	0.25 mm
形态 8	0.3 mm	0.3 mm

表 3-7　不同间隙形态下的离心压气机性能参数

间隙形态	压比	等熵效率
形态 1	2.513 4	92.42%
形态 2	2.495 3	91.68%
形态 3	2.489 6	90.84%
形态 4	2.492 2	90.91%
形态 5	2.484 6	90.66%
形态 6	2.472 5	90.37%
形态 7	2.473 3	90.45%
形态 8	2.456 7	90.06%

从表 3-7 可知,从总体上看离心压气机叶顶间隙越小,氦氙离心压气机性能越好。对比分析形态 3、形态 4 和形态 5,形态 6、形态 7 和形态 8,可以发现尾缘轴向间隙对氦氙离心压气机性能的影响比前缘径向间隙大。以形态 5 为基准,形态 4 尾缘轴向间隙减小了 20%,压比增加了 0.31%,效率增加了 0.28%;形态 3 前缘径向间隙减小了 20%,压比增加了 0.2%,效率增加了 0.2%。对比分析间隙形态 1、形态 2、形态 5 和形态 8。以形态 8 为基准,形态 5 间隙值减小 0.05 mm,压比增加了 1.14%,效率增加了 0.67%;形态 2 平均间隙值减小 0.05 mm,压比增加 0.785%,效率增加 0.9%;形态 1 平均间隙值减小 0.05 mm,压比增加 0.58%,效率增加 0.66%。可以看出随着间隙值越来越小,减小间隙值带来的压比提升越来越小,减小间隙值带来的效率提升在间隙值为 0.2 mm 处存在极大值。

3.4　氦氙混合工质涡轮设计方法

3.4.1　氦氙涡轮重要设计参数的选取

氦氙涡轮在闭式布雷顿循环系统中输出的功一部分用于带动氦氙压气机做功,另一部分用于带动负载。由于氦氙涡轮的尺寸较小,相对于燃气涡轮,端区二次流损失在总损失的占比明显偏高,所以其效率低于常规的燃气涡轮,本节初步要求氦氙涡轮的效率不低于 0.88。以表 3-8 中的设计要求为例详细说明氦氙涡轮的设计方法。

表 3-8　涡轮设计要求

参数	设计要求
进口总压/MPa	3.169
进口总温/K	1 500
质量流量/(kg/s)	5.5
膨胀比	2.1

表 3-8(续)

参数	设计要求
转速/(r/min)	70 000
功率/kW	980
效率	0.88

叶栅稠度、轴向和径向间隙的选取:涡轮的叶栅稠度影响着气流在涡轮内部的流动状况,叶栅稠度的正确选取对涡轮设计至关重要。根据氦氙涡轮的设计要求,可以确定此氦氙涡轮的叶片长度相对于普通的燃气涡轮有了大幅度的下降。为了增大氦氙混合气的膨胀程度,氦氙涡轮的叶栅稠度应适当大于燃气涡轮的叶栅稠度,普通的燃气涡轮静叶稠度一般取值在 1.0~1.4,所以氦氙涡轮静叶的稠度取值应为 1.4~1.8。由于动叶受到离心力的作用,不同叶高的稠度选取值应该不同,氦氙涡轮的叶根稠度应选择 1.6~1.8,中径稠度应选择 1.2~1.4,叶尖稠度应选择 1~1.2。

轴向间隙指的是静叶和动叶之间的距离,此距离如果过小,静叶的尾迹涡流会对下游的动叶产生影响,造成一定的能量损失;但过大的轴向间隙也会使端壁的摩擦损失有所增加。氦氙涡轮的轴向间隙选取可参考普通燃气涡轮的选取办法,一般取弦长大小的 15%~20%。径向间隙是指叶片与机匣的距离,对于氦氙涡轮来说,不涉及密闭封气装置,径向间隙取值应愈小愈好,这样可以减小叶顶的泄漏损失;但考虑到实际工况下会使转子产生形变使得径向间隙急剧下降,有可能使得转子与机匣相撞,故径向间隙取值不宜过小,参考燃气涡轮的径向取值方法,取叶高的 1%~3%。

载荷系数、流量系数、反动度、轴向速比的选取:柴家兴[3]等通过公式推导的方法探索了燃气涡轮效率与流量系数、载荷系数、反动度、轴向速比之间的关系。这对氦氙涡轮在一维设计中选取恰当的流量系数、载荷系数、反动度、轴向速比有重要的指导意义,推导的公式结果为

$$\eta = \frac{2H_a}{2H_a + (1/\phi_s^2 - 1) \cdot K_a^2 \cdot \varphi_{2a} \cdot A + (1/\phi_r^2 - 1) \cdot [(\Omega + H_a/2)^2 + \phi_a^2]}$$

$$A = \frac{1}{\sin^2\left(\arctan\dfrac{2\phi_2 K_a}{H_a - 2\Omega + 2}\right)} \qquad (3-67)$$

式中,H_a 代表载荷系数,ϕ_s 代表静叶速度损失系数,ϕ_r 代表动叶速度损失系数,Ω 代表反动度,K_a 代表轴向速比,ϕ_a 代表流量系数。

氦氙涡轮的气动参数选取是通过采用控制单一变量的方法,分别对比载荷系数、流量系数、反动度和轴向速比与效率的关系,选取出效率最大值对应的各气动参数。静叶和动叶速度损失系数与损失模型的选取有关,本书的一维设计采用 AMDC+KO+MK+BSM 损失模型,此模型可以最大程度地与氦氙涡轮内部流动特性相匹配。

载荷系数代表了涡轮级做功能力的大小,其定义式为

$$H_a = \frac{h_u}{U^2} \qquad (3-68)$$

式中,h_u 和 U 分别代表基元级的比功和叶轮的圆周速度。

在圆周速度一定时,载荷系数越大表示单位工质做的功越大。在燃气涡轮的设计中,若载荷系数选取过大,会造成工质在内部流速过快,突破最高马赫数的限制,对内部的流场产生不利影响,燃气涡轮的载荷系数的设计值通常选取 1.6 左右。在比功和转速不变的前提下,载荷系数的增大意味着圆周速度的降低,最终导致轮毂直径减小,这对氦氙涡轮体积的减小是极为有利的,但过大的载荷系数会对效率产生不利的影响。图 3-24 给出了在轴向速比为 0.8、反动度为 0.25 时,氦氙涡轮的载荷系数和等熵效率的关系,在选取不同的流量系数时,随着载荷系数的升高,效率先升高后降低,并且载荷系数越大,下降的速度越快。可以看出载荷系数的最佳取值范围在 1.6~1.8,本例为了兼顾涡轮尺寸和效率的大小,载荷系数选取 1.8。

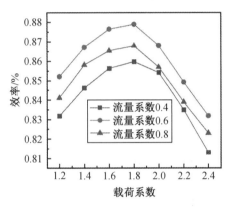

图 3-24　载荷系数对涡轮效率的影响

流量系数是涡轮设计的重要特性参数,在轴流涡轮设计中,选择恰当的流量系数对整个设计过程是至关重要的。流量系数的定义为

$$\varphi_a = \frac{C_{1a}}{U} \tag{3-69}$$

式中,C_{1a} 代表进口绝对速度的轴向分速度,U 代表叶轮的周向速度。从式中可以看出,在圆周速度一定时,流量系数越高代表轴向分速度越高,基元级的通流能力越强,可以达到减小叶片高度的效果。所以在涡轮设计中,若选择了大的流量系数,就代表此涡轮具有叶片短小的特点。

氦氙涡轮主要应用于空间闭式布雷顿循环系统,对体积的大小有着严格的要求,所以应尽量选择大的流量系数来减小涡轮叶片的高度,进而使得涡轮有着更为紧凑的布局。同样地,在轴向速比为 0.8、反动度为 0.25 时,图 3-25 给出了不同载荷系数下的流量系数与等熵效率的关系,可以看出流量系数 0.3~0.8 之间,效率变化幅度不大,极值点在 0.6 左右,说明在此范围内流量系数对效率的影响程度不大,本节所设计的涡轮流量系数取值为0.6。

反动度 Ω 表示工质在动叶降压膨胀占整个基元级总膨胀功的百分比。反动度低代表工质的膨胀主要在静叶中进行,这时工质从静叶出口流出时具有足够大的动能,推动工作叶片做功的能力强,但工质在动叶片中的膨胀程度小使得工质在流动过程中的顺压力梯度小,容易产生附面层堆积造成效率的下降。图 3-26 给出了在流量系数为 0.6、载荷系数为 1.8 左右时,不同轴向速比情况下的反动度与等熵效率的关系。可以看出最佳的反动度设计值在 0.2 左右,说明氦氙轴流涡轮适合低反动度设计。由于氦氙混合工质中包含氙气,氙气黏性大,低反动度设计会使混合工质在静叶中充分膨胀,使其具有足够大的动能进入动叶以减少氙气在动叶中的附面层堆积。

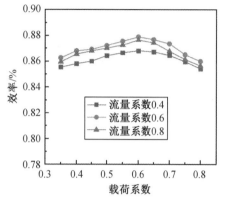

图 3-25　流量系数对涡轮效率的影响

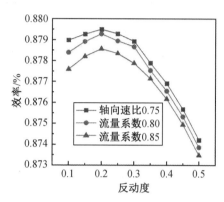

图 3-26　反动度对涡轮效率的影响

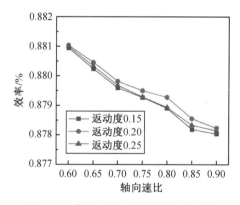

图 3-27　轴向速比对涡轮效率的影响

　　轴向速比是静叶出口绝对速度的轴向分速度与动叶出口轴向分速度的比值,在确定了载荷系数和流量系数的情况下,图 3-27 给出了不同轴向速比与等熵效率的关系,可以看出效率随着速比的增加而减小,但减小的幅度不明显,说明在确定了载荷系数和流量系数的情况下,轴向速比对效率的变化影响不明显,氦氙涡轮参考燃气涡轮的轴向速比取值,取 0.8。

3.4.2　氦氙涡轮气动设计

　　在采取恰当的流量系数、载荷系数、反动度、轴向速比的基础之上,对氦氙涡轮进行一维设计,此涡轮整周的静叶片选取 28 个,动叶片选取 37 个,静叶的进口轮毂半径为 35.59 mm,出口轮毂为 34.75 mm,进出口轮缘半径均为 50.22 mm;动叶的进出口轮毂半径均为 34.71 mm,进出口轮缘半径均为 50.22 mm。由于流量和功率的限制,氦氙涡轮叶片的长度相对于普通的燃气涡轮有了大幅度的降低,具有低轮毂比的特点,并且轮盘和轴也有了极大程度缩小,恰好满足了深空探测器动力装置的要求。

图 3-28 和表 3-9 分别为氦氙涡轮的速度三角形和对应的参数,可以看出,氦氙涡轮具有气流转折角偏大的特点,所以氦氙涡轮具有较强的做功能力。

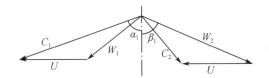

图 3-28　涡轮中径速度三角形

表 3-9　涡轮速度三角形参数表

α_1/(°)	β_1/(°)	C_1/(m/s)	W_1/(m/s)	C_2/(m/s)	W_2/(m/s)	U/(m/s)
55	63	621	342	321	435	323

涡轮的一维设计总体性能结果为:总功率 974 kW、等熵效率 88.04%,与设计要求的偏差小于 1%,此一维设计结果满足要求。

在一维设计结果的基础上,适当调节叶型参数生成三维叶片,通过三维数值模拟计算结果不断地对叶型参数进行反复修正,最终设计出符合设计要求的氦氙涡轮。具体的静叶和动叶叶型参数如表 3-10 所示。

表 3-10　氦氙涡轮静叶和动叶的叶型参数

	静叶			动叶		
	轮毂	中径	轮缘	轮毂	中径	轮缘
叶型安装角/(°)	45	49	55	−18	−20	−25
几何进气角/(°)	0	0	0	50	55	60
几何出气角/(°)	62	67	71	−62	−63	−65
弦长/mm	15	16	18	10.35	9.5	9
前缘半径/mm	0.6	0.6	0.6	0.3	0.28	0.26
尾缘半径/mm	0.15	0.15	0.15	0.1	0.09	0.08

对设计完成的涡轮进行三维数值模拟计算得到三维数值模拟总体性能参数表 3-11,可以看出各性能指标均满足设计要求,且与设计要求的偏差小于 1%,故三维设计的叶型参数符合设计要求。

表 3-11　三维数值模拟总体性能参数

参数	质量流/(kg/s)	膨胀比	功率/kW	效率	转速/(r/min)
设计要求	5.5	2.1	980	0.88	70 000
三维结果	5.54	2.104 6	981	0.883 7	70 000
偏差	0.727%	0.219%	0.102%	0.420%	0

3.4.3　三维流场性能分析

为了更好地了解氦氙轴流涡轮的特点,本节对静叶和动叶的内部流场进行了详细的分析。

通过图 3-29 的静叶表面的压力分布图可以看出,在压力面上,压力从前缘至尾缘逐渐减小,表明流体在静叶压力面表面是均匀膨胀的;而在吸力面上,并非如压力面上的压力分布一样,压力均匀减小,而是在根部的 0.6 倍轴向弦长位置出现明显的低压区,在低压区后,压力又出现了小幅度的升高。这表明流体在静叶中存在跨声速流动现象,并且主要出现在轮毂至叶中流道这一区间内。从静叶表面的流线分布图可以看出,压力面上的流线分布均匀,说明流体在压力面表面的流动情况良好;但是流线在吸力面上出现了明显的径向二次流动,流动主要包括叶顶和叶根两部分径向流动:第一部分是由于顶部端壁的影响,低能流体汇聚而形成了上通道涡并作用在吸力面上,在叶片吸力面顶部出现了径向流动的现象,第二部分主要出现在低压区后,此处是相邻叶片的内尾波穿过流道打到吸力面所导致的。

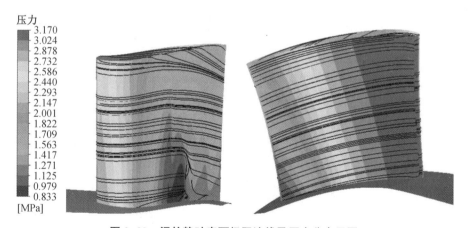

图 3-29　涡轮静叶表面极限流线及压力分布云图

图 3-30 给出了动叶表面的极限流线和压力分布云图,在动叶的压力面上,压力的分布并不均匀,压力从动叶的前缘至尾缘下降幅度与静叶的下降幅度不一致,这是基于涡轮低反动度设计的原因,气流在动叶中相对动能的变化量与整个涡轮级中相对动能变化量的比值较小;在吸力面上,压力下降的幅度很小,并且在前缘处存在一小块低压区,此处是由上游静叶的激波发展至此处与边界层相互作用所导致的。此外,通过表面极限流线分布图可以看出,叶顶的吸力面与压力面之间存在压力差,导致压力面的气流通过叶顶间隙向吸力

面迁移,在叶顶处形成了明显的二次流动,并且二次流的尺度逐渐发展变大,恶化了主流的流动。在根部吸力面处,出现了更大尺度的径向二次流动,这是由于下端壁的马蹄涡压力面分支在流道内的径向压力梯度和横向压力梯度的共同作用下,使得下边界层的低能流体向相邻叶片吸力面移动,形成了下通道涡,作用在吸力面表面形成了明显的径向流线。

图 3-30　涡轮动叶表面极限流线及压力分布云图

通过以上的分析可以发现,氦氙轴流涡轮内部主要损失就是激波损失和流道内的各种二次流的损失,这主要是因为氦氙混合气的声速与空气的声速相接近,在涡轮内部易出现跨声速流动现象;此外,由于叶片较短,导致叶栅通道内端区的损失增大,形成了较为复杂的涡系结构,抑制了主流在流道内的通流能力,使涡轮级的效率降低。

3.4.4　氦氙混合工质涡轮的优化方法

动叶和叶片的轴向弦长改变会影响氦氙涡轮的性能,轴向弦长的增大会增加气流在流道内的膨胀时间,容易在叶片尾部产生附面层堆积进而引起气流分离;轴向弦长的减小会使气流在通道内的膨胀速度加快,增大附面层分离的概率,所以选取恰当的轴向弦长对提升涡轮的性能起着至关重要的作用。

本节首先通过改变叶中轴线弦长和叶片数来保持叶中的稠度不变,其次,使叶片其他截面的稠度以及叶型参数保持不变,进而探索轴向弦长的改变对涡轮性能的影响。首先以氦氙涡轮的静叶作为研究对象,采用不同的轴向弦长静叶与原始的动叶组合作为不同方案,通过数值模拟的方法研究静叶不同的轴向弦长对氦氙涡轮内部流场和整体性能的影响。不同的静叶轴向弦长方案如表 3-12 所示。

表 3-12　静叶轴向弦长方案

方案	叶片数	叶中栅距/mm	叶中轴向弦长/mm	叶中稠度
方案一	36	7.61	8.08	1.63

表 3-12（续）

方案	叶片数	叶中栅距/mm	叶中轴向弦长/mm	叶中稠度
方案二	32	8.62	9.11	1.63
方案三(原型)	28	9.79	10.35	1.63
方案四	24	11.4	12.15	1.63

通过表 3-13 可以看出,随着轴向弦长的增加,膨胀比略有下降,主要原因是氦氙涡轮的反动度低,气流的膨胀主要在静叶中进行,随着轴向弦长的增大使得膨胀程度有所下降。但轴向弦长的增大使得静叶内部的总压损失减小,为下游动叶提供了更好的入流条件,所以涡轮的功率和等熵效率均有所增加。

表 3-13 各方案性能参数表

方案	膨胀比	功率/kW	等熵效率
方案一	2.109 6	967.529	87.534 0
方案二	2.105 7	970.481	87.956 8
方案三	2.104 6	981.666	88.369 9
方案四	2.1027	987.257	88.7561

接下来探究静叶的载荷分布情况,为了便于研究,将叶片表面的静压无量纲化,定义静压系数为 C_{ps},定义式为

$$C_{ps} = \frac{P}{p_1^*} \tag{3-70}$$

式中,p 代表当地静压;p_1^* 代表叶栅进口总压。

图 3-31 给出了不同方案下静叶 10%、50%、90% 截面的载荷分布情况,可以看出四种方案均为后加载叶型,并且随着轴向弦长的增加,最大载荷处的在叶片轴向相对位置逐渐后移;在压力面相同的相对弦长位置,呈现出轴向弦长越长,静压越大的规律;但在吸力面上,只有静压最小值前的静压符合上述规律,在静压最小值后则呈现出相反的规律。结合图 3-31(a)可知,方案四静压跃升的位置最靠后,方案一的静压跃升位置最靠前,说明轴向弦长的增加使得叶根处的内尾波位置后移,且升压幅度也有了小幅度的下降;在 0.9 倍轴向弦长至尾缘处的吸力面上,四种方案的压力均存在小幅度波动,说明叶根处内尾波后均存在着复杂的波系结构。从图 3-31(b)可知,四种方案在叶中的静压分布趋势基本一致,但在吸力面上的静压跃升,方案四到方案一的升高幅度逐渐下降,下降的幅度相比于叶根有所提升,说明轴向弦长的增大可以降低叶片中部内尾波强度。通过图 3-31(c)可以看出,在叶尖处,方案一和方案二的吸力面上仍有一小段静压跃升,而方案三和方案四的吸力面上的压力基本平稳下降。通过以上分析可知,轴向弦长的增加可以降低吸力面上静压跃升幅度,即减小激波的强度,提高级间的效率。

图 3-32 给出了静叶出口总压恢复系数径向分布,总压恢复系数的定义为

$$\sigma = \frac{P_{t,out}}{P_{t,in}} \tag{3-71}$$

其中, σ 为静叶总压恢复系数; $P_{t,out}$ 为静叶出口总压; $P_{t,in}$ 为静叶进口总压。

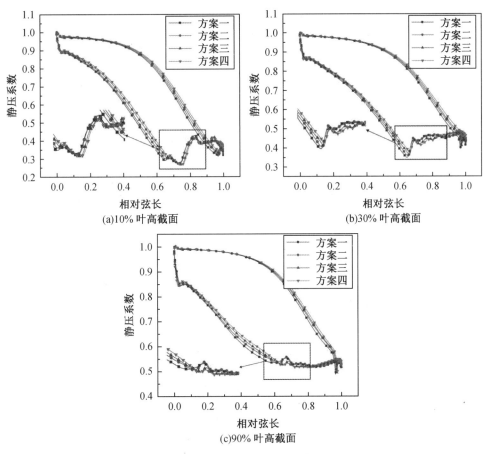

(a)10% 叶高截面　　　　　　　　(b)30% 叶高截面

(c)90% 叶高截面

图 3-31　静叶不同叶高截面载荷分布

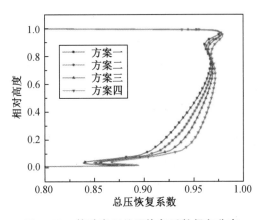

图 3-32　静叶出口总压恢复系数径向分布

可以看出，由于根部存在激波损失和二次流损失，导致叶根处的损失明显大于叶片其他部位的损失，在叶片的10%叶高至80%叶高部位，损失逐渐减小，上通道涡的存在又造成了叶顶处的损失有一定幅度的增加。通过不同方案整体的总压损失系数对比，可以看出，轴向弦长的增加可以提高叶片整体的总压恢复系数。图3-33为出口绝对气流角的径向分布图，可以看出各个方案的静叶在10%~90%叶高部位的出口气流角分布基本一致，轮毂至10%叶高和90%叶高至叶顶的气流角变化剧烈，但方案四在叶根处气流角变化幅度最小，这说明了轴向弦长的增加有利于提高根部气流流动的稳定性。

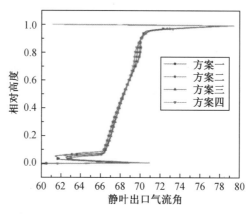

图3-33　静叶出口气流角的径向分布

采用同样的方法研究动叶轴向弦长对涡轮性能的影响，通过调整叶片数和修改各截面弦长的方法来保持叶片稠度不变，进而研究动叶轴向弦长的改变对涡轮性能的影响。表3-14为本例给出的不同动叶轴向弦长的方案，保持原始静叶不变，分别与各方案的动叶组合，通过数值模拟方法来分析氦氙涡轮气动性能的变化。

表3-14　动叶轴向弦长方案

方案	叶片数	叶中栅距/mm	叶中轴向弦长/mm	叶中稠度
方案一	45	6.02	7.27	1.29
方案二	41	6.65	8.05	1.29
方案三(原型)	37	7.35	8.91	1.29
方案四	33	8.21	9.90	1.29

由表3-15可以看出，膨胀比随着动叶轴向弦长的增加逐渐下降，但变化幅度不明显，其原因主要是氦氙涡轮采用低反动度设计，气流在动叶中的膨胀程度小，对涡轮膨胀比的影响甚微。动叶轴向弦长的增大导致效率和输出功率的下降，与静叶轴向弦长的变化规律恰好相反，所以动叶轴向弦长的选取不宜过大。

表 3-15　各方案性能参数表

方案	膨胀比	功率/kW	等熵效率
方案一	2.105 9	984.059	88.598 0
方案二	2.105 5	983.327	88.517 0
方案三	2.104 6	981.666	88.369 9
方案四	2.102 5	978.655	88.191 8

图 3-34 为动叶不同叶高截面的载荷分布图,可以看出,四种方案的叶型均为前加载叶型,此种叶型有着较好的负荷特性;此外,四种方案中进口处均存在正攻角,可以提升涡轮的做功能力。在各个截面压力面的前缘部分均存在一处静压跃升,这是上游静叶的激波与边界层相互作用而产生的效果,并且随着轴向弦长的增大,跃升幅度逐渐减小。通过图 3-34(a)图可以看出,不同方案 10% 叶高截面的载荷分布基本一致,叶片表面的静压仅在 0.3 倍轴向弦长处的吸力面上有所不同,表现为随轴向弦长的增大而降低。从图 3-34(b)中可以看出,轴向弦长的变化对叶中截面的载荷分布不具有明显影响,只有在 0.8 倍轴向弦长处的静压系数有所差别。图 3-34(c)中 90% 叶高截面四个方案的吸力面静压分布差别明显,表现为轴向弦长越大,静压变化幅度越小。

动叶与静叶的总压恢复系数定义有所差别,其中的总压是针对相对坐标系下的压力。通过图 3-35 的各方案动叶出口总压恢复系数分布图可以看出,从轮毂到叶尖的总压恢复系数变化明显。在叶片的轮毂至 40% 叶高部分,方案一至方案四的总压恢复系数呈递增趋势,而在叶片的其余部分呈现相反的结果。从叶片的整体上来看,方案一的平均总压恢复系数最高,方案四的平均总压恢复系数最低。图 3-36 为动叶出口气流角的径向分布图,由于泄漏涡和上通道涡的影响,叶片顶部的气流角产生大幅度的变化。在叶片的轮毂至 40% 叶高部分,随轴向弦长的减小,气流角变化幅度增大;在 40% 相对叶高至 80% 相对叶高部分,则表现为轴向弦长越小,气流角变化幅度越小。

由于氦氙混合气与燃气的物性有着较大的差异,使得氦氙涡轮与燃气涡轮在结构上存在着较大的区别,氦氙涡轮具有叶片短、动叶转折角大、轮毂比小的特点,导致了叶根的二次流损失以及叶尖泄漏损失在总损失中的占比增大。为了进一步提高氦氙涡轮的效率,应该采取适当的措施减小二次流损失。

众多学者和专家研究发现,轴流涡轮叶片的弯曲会对涡轮内部的流场产生显著的影响。对于不同工质、通流形式、叶片大小的涡轮,采取相同的叶片弯曲形式对涡轮性能的影响有着不同的差异。叶片的弯曲形式是通过弯高和弯角两个参数来控制的,弯高为叶片弯曲长度占叶片总长度的百分比,弯角是叶顶或叶根的积叠线切线与径向的夹角。通过调节弯角的正负和大小,叶片的弯曲形式也就分为了正弯、反弯、正 J 型弯和反 J 型弯,如图 3-37 所示。

通过对原始叶型的数值模拟结果的分析,发现动叶内部存在大量的二次流损失。对原始动叶进行正弯和反弯设计,叶顶和叶根的弯高均为 30%,弯角均为 20°,探索正弯设计和反弯设计对氦氙涡轮内部流场的影响规律。

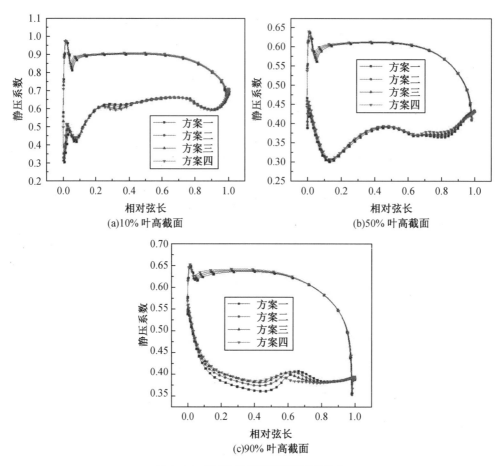

(a)10%叶高截面　　(b)50%叶高截面

(c)90%叶高截面

图 3-34　动叶不同叶高截面载荷分布

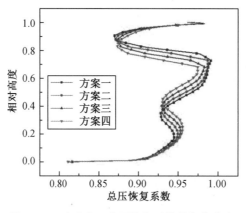

图 3-35　动叶出口总压恢复系数的径向分布

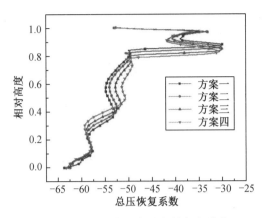

图 3-36 动叶出口气流角的径向分布

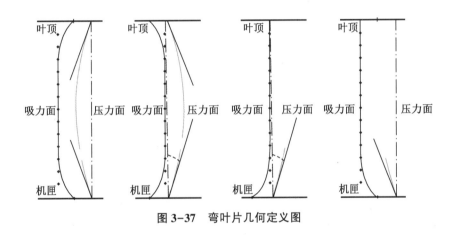

图 3-37 弯叶片几何定义图

为了分析动叶在不同叶高流动损失的情况,用出口等熵效率 η_T 来衡量其损失的大小,其定义为

$$\eta_T = \frac{T_1 - T_2}{T_1 - T_{2,s}} \tag{3-72}$$

其中,T_1 代表静叶进口总温,T_2 代表动叶出口总温,$T_{2,s}$ 代表等熵膨胀的出口总温。

图 3-38 和图 3-39 分别为出口等熵效率和出口马赫数的径向分布规律图。可以看出,两图中各种叶片的出口等熵效率和马赫数分布趋势基本一致,反弯叶片出口等熵效率最高点可达到 0.94,正弯叶片出口等熵效率最大处约为 0.915。动叶的反弯设计使得叶片中部的损失降低,但增加了上下端壁处的损失;动叶的正弯设计克服了叶片端区损失大的缺点,但恶化了主流的流动。此外,叶片的反弯可以降低上下端壁气流的马赫数水平,但中部的马赫数水平得以提高,正弯叶片则恰好相反,这说明了叶片的正弯设计可以提高端区气流的流动稳定性,叶片反弯则会提高叶片中部气流的流动稳定性。三种叶片的出口马赫数均小于 1,说明动叶内部并不存在跨声速流动现象。

图 3-40 为动叶不同叶高截面的叶片表面的静压系数分布图,可以看出,叶片的正弯设计可以提高叶根表面的压力,叶片的反弯则恰好相反。但反弯叶片根部各处的加载性得以

提高,显著增强了根部的做功能力。在叶片中部,叶片的反弯设计增大了压力面的压力,同时增大了 10%~80%轴向弦长处的吸力面上的压力。与原始叶片相比,叶片的反弯设计可以降低叶中的载荷,叶片的正弯设计可以提高叶中的载荷。在 90%叶高处,正反弯叶片与原始叶片相比,压力面上的静压分布趋势基本一致,但吸力面上的静压分布有明显的差别;相对于原始叶片,正弯设计会使叶片吸力面上的压力有一定幅度的提升,反弯设计则相反。综上所述,反弯设计可以增大叶片端区的载荷,正弯设计可以增大叶片中部的载荷。

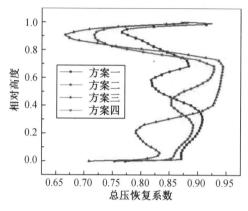

图 3-38　出口等熵效率沿径向分布

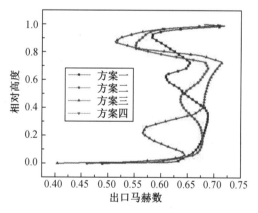

图 3-39　出口马赫数沿径向分布

图 3-41 为不同截面的熵增云图,可以看出,在三种叶片中,正弯叶片叶顶的泄漏涡强度最低,而叶片的反弯设计导致叶顶的泄漏损失明显增大,这是由于反弯设计使叶顶的载荷增大,即压力面和吸力面的压力差增大,有利于流体从压力面通过叶顶间隙向吸力面发展,进而增大了泄漏涡的强度;而正弯叶片恰恰相反,叶顶的横向压力降低,叶顶的泄漏损失降低,叶顶处的熵增值明显小于原始叶片的熵增值。从不同叶片的中部熵增值可以看出,反弯设计明显降低了叶片中部各截面的熵增值,这是由于叶片吸力面端区至叶片中部的压力梯度升高,端区的低能流体不易向叶片中部发展,进而使得叶中的流动情况得以改善,径向的二次流动得到了一定的控制,相对于原始叶片,出口流动的均匀性得到了提升。

图中的最大熵增处为反弯叶片的下端壁处,此处的损失最大,这是由于反弯使得根部载荷增大,有利于下通道涡的横向发展,使得此处汇聚的低能流体增多,增大了端区的损失。

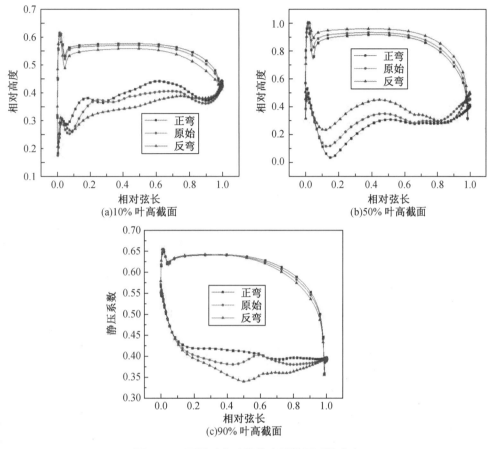

(a)10% 叶高截面

(b)50% 叶高截面

(c)90% 叶高截面

图 3-40　不同叶高叶片的表面静压系数分布

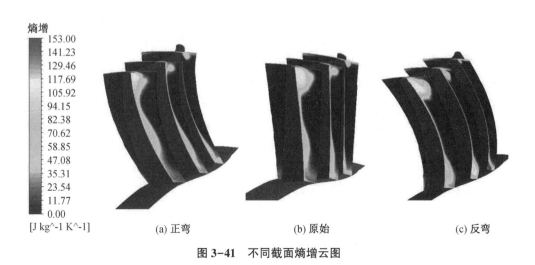

(a) 正弯　　　　　　(b) 原始　　　　　　(c) 反弯

图 3-41　不同截面熵增云图

图 3-42 给出了轮缘功的径向分布图,其中轮缘功 L_u 的定义为

$$L_u = U(C_{1u} + C_{2u})$$ （3-73）

式中,U 代表叶轮周向速度,C_{1u} 和 C_{2u} 分别代表动叶进出口绝对速度的周向分速度。

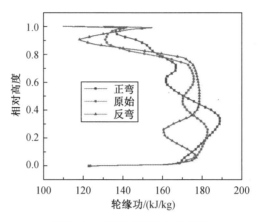

图 3-42　轮缘功沿径向分布图

可以看出,与原始叶片相比,叶片的正弯设计使得叶顶和叶根的做功能力得以提升,但降低了叶中的做功能力。而反弯叶片恰恰相反,相对于原始叶片,在叶片的 0～35% 和 80%～100% 叶高处做功能力有一定幅度的下降,但在叶片中部做功能力得以提升,并且轮缘功在叶片中部的径向变化不明显。从叶片的整体来看,正弯型和反弯型叶片整体的轮缘功较原始叶片的轮缘功均略有下降。

通过以上研究可以发现,反弯叶片虽然增大了叶顶泄漏损失和叶根区域的损失,但是优化了主流的流动情况。若只对叶片根部进行弯曲设计,则可以减小叶顶泄漏损失且优化主流流动,但弯角的改变有可能会改变涡轮的性能,下面通过对比弯角为−10°、−20°、−30°的反弯与反 J 弯叶片的气动性能,研究弯角对反弯与反 J 弯叶片性能的影响。

图 3-43 和图 3-44 分别给出了不同弯曲形式和不同弯角对动叶出口等熵效率与马赫数的径向分布图。从图中可以看出,当对叶片进行反弯和反 J 弯设计时,弯角越大,叶片中部出口的等熵效率也越大,并且等熵效率平稳区域在总区域的占比也逐渐增大;但弯角的增大也使得上下端壁的损失增大,这是由于叶顶泄漏损失与下端壁的二次流损失增大。在相同的弯角条件下,反弯设计和反 J 弯设计叶片在根部的出口等熵效率基本一致;在叶片中部,反弯型叶片的等熵效率要大于反 J 弯叶片,并且反弯叶片的等熵效率平稳区域也大于反 J 弯叶片的区域;在叶片顶部,反弯叶片的出口等熵效率远小于反 J 弯叶片的出口等熵效率。从整体上来看,在弯角相同的条件下,反弯叶片的效率小于反 J 弯叶片的效率,这说明了对叶片顶部弯曲设计对叶顶泄漏损失的增加量大于对主流流动损失的减小量。从马赫数的径向分布图可以看出,弯角的增大可以提高叶片中部的马赫数,这主要是由于弯角的增大优化了主流流动,从而使得速度损失降低。在弯角相同的反弯型叶片和反 J 型叶片中,根部的马赫数水平基本一致,但在叶片上部,弯曲设计降低了流体的马赫数,说明此处二次流损失严重,降低了主流的流速。在叶片的端区可以看出,随着弯角的增大,马赫数的水平也逐渐降低。

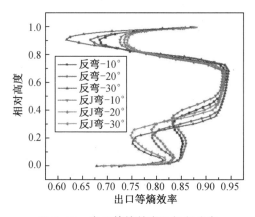

图 3-43　出口等熵效率沿径向分布

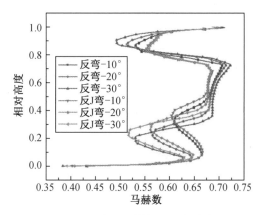

图 3-44　出口马赫数沿径向分布

　　图 3-45 为不同弯角、不同弯曲形式叶片的 10%叶高、50%叶高、90%叶高的静压系数分布图。从图中可以看出,压力面上的静压系数分布趋势基本一致,而主要差别在吸力面上。在 10%叶高截面,叶片表面的载荷随着弯角的增大而增大,在相同的弯角条件下,反 J 弯型叶片的载荷增大量大于反弯型叶片的增大量。在 50%叶高截面,叶片的弯角越大,叶片表面的载荷呈现出越小的结果,并且在相同的弯角情况下,反 J 型叶片的载荷大于反弯型叶片的载荷。在 90%叶高截面,由于只有反弯型叶片在叶顶进行了弯曲设计,所以反弯型叶片的载荷远大于反 J 型叶片的载荷。

　　图 3-46 给出了反弯型和反 J 弯型叶片不同弯角下的吸力面的极限流线图。可以看出,随着弯角的增大,主流优化的效果变得明显,流线在叶片中部流动十分均匀。在叶片根部,由于弯角的增大,径向的逆压力梯度增大,不利于下通道涡向叶片中部的发展,所以在弯角为-20°和-30°时,在叶片的吸力面上出现了明显的回流;这是由于弯角过大使得下通道涡难以径向发展而横向发展,与吸力面相互作用形成了二次流动。此外,由于反 J 弯型叶片叶顶没有弯曲设计,叶顶至叶中部位的逆压力梯度减小,所以泄漏涡易于向下部发展,导致反 J 弯型叶片的泄漏涡的尺度最大。反弯型叶片随着弯角的增大,叶顶的载荷增大,泄漏涡的

强度也随之增大,导致叶顶泄漏损失的增加;但随着弯角的增大,径向的逆压力梯度随之增大,所以叶顶的低能流体径向的窜流尺度也会相应减小。

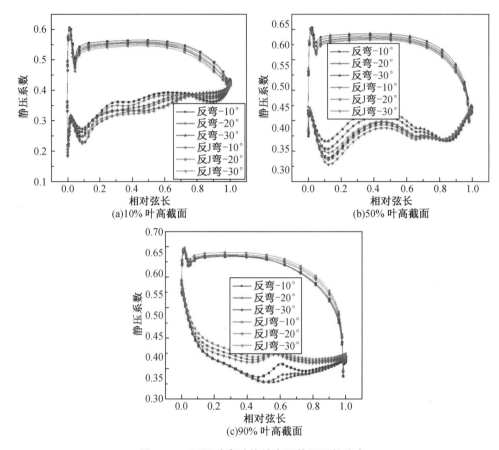

图 3-45　不同叶高叶片的表面静压系数分布

图 3-47 为反弯型和反 J 弯型叶片在不同弯角下轮缘功的径向分布图,在叶片的根部,在相同弯角的条件下,反 J 弯型叶片的轮缘功大于反弯型叶片的轮缘功,并且呈现弯角越大,轮缘功越小的趋势。在叶片 30%~80% 叶高处则相反,弯角越大,轮缘功越大;此外,在弯角相同的情况下,反弯型叶片在 30%~80% 叶高处的整体做功能力大于反 J 弯型叶片。在叶顶处,反 J 弯型叶片在不同弯角的情况下,轮缘功的分布基本一致,而反弯型叶片随着弯角的增大,叶顶的做功能力逐渐下降。

通过上述分析可知,氦氙涡轮动叶的二次流损失在总损失中的占比甚高,其中动叶的叶顶泄漏损失更是严重影响着涡轮的气动性能。现在以所设计的静叶为研究对象,对静叶的上端壁进行优化,通过调节子午面上端壁型线来改变轮缘区域的流动,探索端壁型线对静叶内部的二次流损失和下游动叶叶顶泄漏损失的影响。在对端壁进行优化时,是通过贝塞尔曲线进行控制的,构造不同种类的端壁型线,以寻求二次流损失最小的端壁型线。

为了探索不同端壁型线方案对氦氙涡轮性能的影响规律,本节采用四种不同的静叶上端壁型线方案对比分析其涡轮内部流场的特点。其中,方案一:原始叶型的直线型上端壁,方案二:凹曲率型上端壁,方案三:凸曲率型上端壁,方案四:凹凸曲率结合型上端壁。

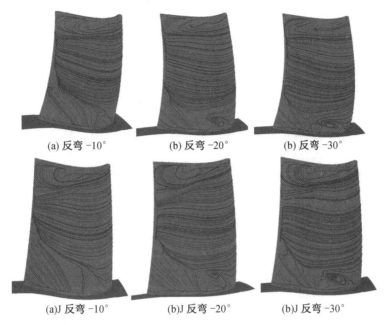

(a) 反弯 -10°   (b) 反弯 -20°   (b) 反弯 -30°

(a)J 反弯 -10°   (b)J 反弯 -20°   (b)J 反弯 -30°

图3-46 叶片吸力面极限流线

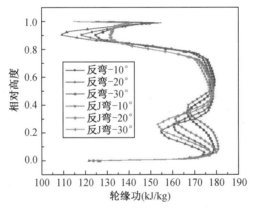

图3-47 轮缘功沿径向分布图

通过图3-48不同方案静叶的95%叶高截面静压系数分布图可以看出,修改上端壁型线可以明显地改变叶顶表面的载荷分布,原始叶型的叶顶载荷分布为后部加载,方案二的载荷分布为中部加载,方案三的载荷分布为均匀加载,方案四的载荷分布为前部加载。与方案一相比,凹曲率型端壁会增大叶顶吸力面前部的膨胀程度,降低叶顶吸力面后部的膨胀程度,所以在0.6~0.8倍轴线弦长处的吸力面表面出现了明显的逆压力梯度;凸曲率型端壁对叶片通道内的气流膨胀会起到相反的作用,所以方案三的叶顶吸力面前部膨胀缓慢,最终使得叶片周围的载荷降低;方案四则具有方案二和方案三的载荷分布特点。

图3-49给出了四种端壁型线方案的不同轴向弦长位置截面的熵增云图,可以看出,在叶片前部通道内,方案二的熵增数值最小,在后部通道内,方案二的熵增数值最大,说明了

凹曲率型端壁会增大上通道涡的强度,并且在叶片的中后部迅速发展。相比于方案一,方案三的上通道涡强度明显下降,但尺度有所增加,并且逐渐向叶片下部的发展,说明了凸曲率型端壁对边界层的分离起到了抑制作用,减小了上通道涡卷起边界层低能流体的数量,但由于径向的逆压力梯度减小又增大了通道涡的尺度。对于方案四来说,叶片顶部载荷分布为前部加载,在叶片前部通道内的横向压力差大,使得上通道涡在叶片前部的横向发展尺度增大;在叶片后部的横向压力差小,但径向的压力差增大,所以上通道涡开始向叶片径向发展,尺度和强度与方案三的相差无几。

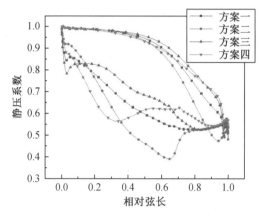

图 3-48　不同方案静叶的 95%叶高截面静压系数分布图

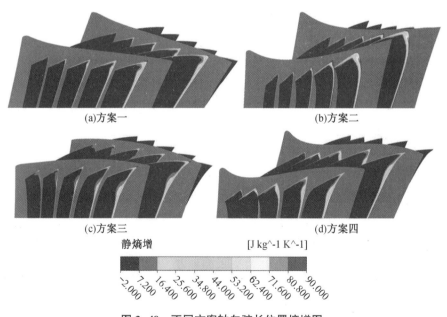

(a)方案一　　　　　　　　　　　　(b)方案二

(c)方案三　　　　　　　　　　　　(d)方案四

静熵增　　　　　　　　　　　[J kg^-1 K^-1]

2.000　7.200　16.400　25.600　34.800　44.000　53.200　62.400　71.600　80.800　90.000

图 3-49　不同方案轴向弦长位置熵增图

通过图 3-50 四种方案的静叶出口截面总压恢复系数径向分布图可以看出,方案三的出口整体总压恢复系数最大,方案二的出口整体总压恢复系数最小,说明凸曲率型端壁对减小静叶内的二次流损失效果最为明显。通过观测叶顶部位总压恢复系数跃升的幅度可以看出,相对于方案一,方案二的跃升幅度有所增大,方案三和方案四的跃升幅度变化不明显,说明在出口位置处,方案二的上通道涡强度最大,端区的二次流损失也就最大;虽然方案三和方案四的上通道涡强度与方案一相差无几,但在上端壁的处的总压恢复系数高于方案一。方案三和方案四在叶片相对高度 0.6~1.0 之间的总压恢复系数分布基本一致,但方案三在叶片的根部到相对高度 0.6 之间的总压恢复系数大于方案四,说明凸曲率型端壁可以降低叶片底部的损失。

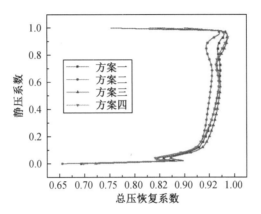

图 3-50　不同方案静叶出口截面总压恢复系数径向分布图

通过图 3-51 给出的不同方案动叶的 95%叶高截面静压系数分布图可以看出,各个方案的压力面上静压系数分布趋势基本一致,但在 0.2~0.7 倍轴向弦长处的吸力面表面,四种方案的静压分布各不相同,其中,方案二的静压变化趋势最为平缓,方案三的静压升降幅度最大,说明在方案三中动叶叶顶吸力面边界层分离情况最为严重。

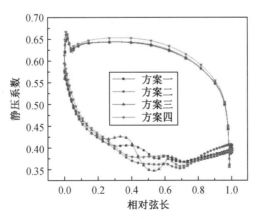

图 3-51　不同方案动叶的 95%叶高截面静压系数分布图

图 3-52 给出了不同方案的动叶叶顶三维流线图,可以看出,在改变了静叶的上端壁型线后,对下游动叶叶顶流动的影响也是不可忽视的。在四种方案中,都存在通道涡和泄漏涡相互卷起的情况,其中,方案二的泄漏涡尺度最小,但其上通道涡的尺度最大,相互作用

后的涡系强度和尺度都是四个方案中最小的。说明静叶的凹曲率型端壁虽然增大了静叶上端壁的二次流损失,但对下游的动叶叶顶二次流损失起到了减弱的作用。从方案三中的流线图可以看出,泄漏涡的尺度最大,上通道涡的尺度最小,但叶顶上通道涡和泄漏涡相互作用后形成的涡系强度和尺度最大,使得叶顶的二次流损失增大。相对于方案一,方案四中的通道涡强度和尺度有所增大,但泄漏涡强度和尺度有所衰减,相互作用后的涡系强度和尺度都有所下降。

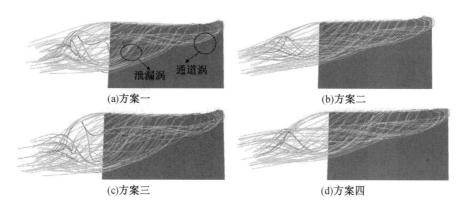

(a)方案一　　　　　　　　　　　　　(b)方案二

(c)方案三　　　　　　　　　　　　　(d)方案四

图 3-52　不同方案动叶叶顶的三维流线图

　　为了研究静叶上端壁型线对下游动叶整体的影响,可以通过图 3-53 和图 3-54 的动叶出口总压恢复系数径向分布图和气流角径向分布图来观测叶根至叶顶的流动变化规律。可以看出,方案二在叶顶处总压恢复系数最大,并且出口气流角在叶顶的径向变化范围最窄,说明了凹曲率型端壁对叶顶损失的降低起到了促进作用。从整体上来看,方案二动叶的下端壁损失加大使得整体的损失增大,方案三虽然上端壁损失较原始叶型有所增大,但叶中至叶根部位的损失有所减小,气流角变化幅度也随即减小,整体上表现为损失降低。方案四与方案一的径向总压恢复系数与气流角变化规律基本一致,可以说明静叶为凹凸曲率型上端壁对下游动叶的内部流动影响最小。

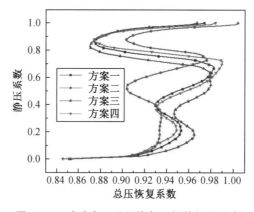

图 3-53　动叶出口总压恢复系数的径向分布

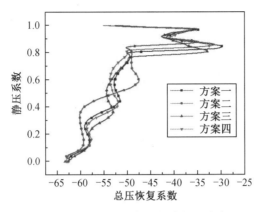

图 3-54　动叶出口气流角的径向分布

经过上述对动叶叶片弯曲和静叶上端壁型线改型对氦氙涡轮性能的影响分析发现,动叶采用弯角为-10°反 J 弯型叶片、静叶采用凸曲率型上端壁的设计为最佳的设计方案。本节主要通过对比上述方案涡轮级和原始设计的涡轮级总体性能参数和变工况特性,研究低二次流损失的涡轮方案与原始涡轮的外特性差异。

图 3-55 为不同方案的总体性能参数对比柱状图,可以看出,新方案的涡轮级效率较原始涡轮级效率有所提高,这是由于新方案内部二次流损失相对于原始方案有所削减。通过流量对比可知,由于静叶上端壁为凸曲率型端壁,增大了静叶的通流面积,并且新方案内部二次流损失较低,有利于气流的流动,所以新方案涡轮的流量有所增加。新方案涡轮的膨胀比原始涡轮有所下降,功率却有了大幅度的升高,这是由于气流在新方案涡轮动叶内膨胀程度降低,增大了其在内部的做功能力。

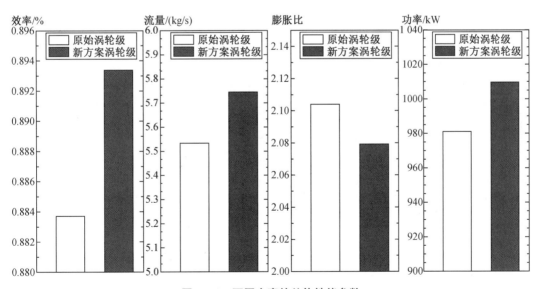

图 3-55　不同方案的总体性能参数

涡轮并不总是在设计工况下进行工作,变工况下的工作特性也十分重要。图 3-56、图

3-57分别表示在设计转速下的原始涡轮级与新方案涡轮级的膨胀比和等熵效率特性对比图。从膨胀比对比图可以看出,两种方案的涡轮膨胀比都随着流量的增大而增大,但新方案涡轮的变化幅度低于原始涡轮。从等熵效率特性图可以清楚地看出,在所研究的工况范围内,两种方案的涡轮均随着流量的增加,等熵效率先增加再降低。此外,原始涡轮在流量为5.7 kg/s附近等熵效率最高,新方案涡轮在流量为5.9 kg/s左右效率最大。在低工况时,新方案涡轮的效率明显大于原始方案的涡轮,说明新方案涡轮在低工况情况下,性能优于原始涡轮;随着质量流量的增大,新方案涡轮的效率变化幅度明显小于原始涡轮的变化幅度。综合上述分析,新方案涡轮具有更好的变工况特性。

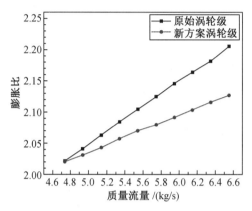

图 3-56   膨胀比特性曲线对比图

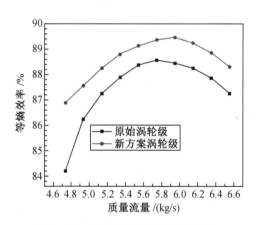

图 3-57   等熵效率特性曲线对比图

3.5   本 章 小 结

本章对氦氙混合气体的物性计算进行了介绍,阐述了氦氙混合压气机的设计和优化方法。通过计算不同温度、压力及混合占比的氦氙混合气体物性,对比了在氦氙混合工质压气机不同工况下氦氙气体各物性参数的变化,验证了精确计算氦氙气体物性参数的必要性。本书采用对应态原理应用于 Chapman-Enskog 理论得到的半经验公式来计算氦氙混合气体的物性有很高的精度,计算值与实验值误差极小。考虑了氦氙工质物性变化优化的设计方法,初步分析了分流叶片的作用及叶顶间隙参数对氦氙离心压气机性能的影响。详细说明了氦氙涡轮设计中重要设计参数的选取和气动设计方法,给出了叶栅稠度、轴向间隙和径向间隙的选取最佳的取值范围,并就给出的例子进行了一维和三维设计。通过对设计涡轮的三维流场分析说明了涡轮效率不高的主要原因,为优化工作提供方向。通过改变静叶和动叶的轴向弦长,探究涡轮总体性能参数的变化,发现适当增加静叶轴向弦长有利于输出功率和效率的提升,适当减小动叶轴向弦长有利于输出功率和效率的提升。

针对氦氙涡轮二次流损失较大的问题,通过数值模拟的方法,说明了叶片弯曲设计和端壁型线对氦氙涡轮的流动损失的影响,通过对比分析弯高 30%、弯角 20°的正弯、反弯和原始叶片的数值模拟结果,说明叶片的正弯设计可以降低端区的损失,但恶化了主流的流动;反弯设计则相反,虽然端区的损失增加,但主流的流动情况得到了改善。

反 J 弯叶片与反弯叶片相比,反 J 弯设计不仅可以优化主流的流动,还不会造成叶顶泄漏损失。其弯角越大对主流的优化效果越明显,但端区的损失会随之增大。利用数值模拟方法说明了直线型端壁、凹曲率型端壁、凸曲率型端壁和凹凸曲率型端壁对流场和损失的影响,为氦氙涡轮优化提供方向。

参 考 文 献

[1] TOURNI J,El-GENK M S. Properties of noble gases and ninary mixtures for closed brayton cycle appleicateions[J]. Energy Conversion & Management,2008,49(3):469-492.

[2] 杨策,施新.径流式叶轮机械理论及设计[M].北京:国防工业出版社,2004.

[3] 柴家兴.船用增压器大膨胀比轴流涡轮气动设计与优化[D].哈尔滨:哈尔滨工程大学,2019.

[4] 张远森.微型涡轮发电机双级轴流涡轮设计[D].南京:南京航空航天大学,2012.

第4章　不同工质叶轮机械相似特性

4.1　引　　言

在深空及深海应用的闭式布雷顿循环发电系统中所采用的诸如氦气、超临界二氧化碳、氦氙混合气等,均是针对特殊用途而发展的特殊工质。在其应用于上述环境中时,其相对于传统燃气轮机空气/燃气工质的优势即在于其优秀的化学稳定性以及出色的传热性能,进而满足深空及深海应用中对于闭式循环动力系统的体积重量要求。对于在如此严苛条件下稳定运行的动力系统而言,在由理论付诸实践的过程中,务必会经过系统、严谨的试验。尤其是对于其中的压气机-涡轮旋转机械核心机而言,大量的变工况特性试验是其技术转化过程中必不可少的科研过程。但是应该考虑到的是,由于气体富集度或严苛的运行条件,对于上述特殊工质而言,试验难度较大且试验成本较高。因此,基于相似模化理论的特殊工质叶轮机械特性替代方法研究也是目前特殊工质叶轮机械设计中所关注的热点问题。针对该问题,本章节聚焦于特殊工质叶轮机械相似理论的形成以及其在叶轮机械特性替代中的实际效果,希望对同类叶轮机械的特性等效问题提供一定的参考。

4.2　不同工质叶轮机械的流动相似机理

4.2.1　设计工况下不同工质叶轮流动特性相似

气体的流动遵循流体动力学规律,其核心是以质量方程、动量方程、能量方程为基础的控制方程体系。利用量纲物理量——长度、速度、压力、密度、黏度以及时间等对以上方程进行无量纲化,得到以上方程组的无量纲形式如式(4-1)至式(4-3)所示。

$$Sr = \frac{\partial \rho'}{\partial t'} + \frac{\partial \rho' u_i'}{\partial x_i'} = 0 \tag{4-1}$$

$$Sr \frac{\partial u_i'}{\partial t'} + u_j' \frac{\partial u_i'}{\partial x_{ij}'} = \frac{1}{Fr^2} f_i' - \frac{1}{Eu} \frac{1}{\rho'} \frac{\partial p_i'}{\partial x_i'} + \frac{1}{Re} \frac{1}{\rho'} \frac{\partial}{\partial x_j'} \left[\mu' \left(\frac{\partial u_i'}{\partial x_j'} + \frac{\partial u_j'}{\partial x_i'} \right) \right] + \frac{\mu_2}{\mu} \frac{1}{Re} \frac{1}{\rho'} \frac{\partial}{\partial x_j'} \left(\lambda \frac{\partial u_j'}{\partial x_j'} \right) \tag{4-2}$$

$$Src_v' \frac{\partial T_i'}{\partial x_j'} + c_v' u_j' \frac{\partial T_i'}{\partial x_j'} = \frac{\gamma}{RePr} \frac{1}{\rho'} \frac{\partial}{\partial x_i'} + \left(\lambda' \frac{\partial T_i'}{\partial x_j'} + \frac{1}{Re} \frac{1}{Eu} (\gamma-1) \frac{\mu'}{\rho'} \right) \left[\frac{1}{2} \left(\frac{\partial u_i'}{\partial x_j'} + \frac{\partial u_j'}{\partial x_i'} \right)^2 \right] - \frac{2}{3} \left(\frac{\partial u_j'}{\partial x_i'} \right)$$

$$\tag{4-3}$$

其中,流动将被一组无量纲流动参数所描述,针对所研究的流动情况,对式中流动参数进行取舍,有:

(1)由于研究关注的是流动的宏观特性,因此采用流动的稳态结果即可展示相应特性。斯特劳哈尔数 Sr 可以忽略。

（2）气体运动一般忽略重力的影响而主要受到惯性力的作用，因此弗雷德数 Fr 可以忽略。

（3）对于稀有气体，由于流动满足斯托克斯假设，因此其第二黏度系数与动力黏度系数的比值恒为 $-2/3$。其证明是基于分子动力学理论。

因此，对于气体运动，雷诺数 Re、欧拉数 Eu 及比热比 γ 是需要考虑的。以往所称的流动相似模化方法一般是针对同种工质之间在不同工况下对流动状态的复现。基于同种工质相同的比热比，一般采用马赫数 Ma 描述气体运动，而非本情况所示的利用马赫数 Ma 及比热比 γ 组合的欧拉数 Eu 来表征气体运动中的动量交换。而欧拉数 Eu 的采用实际上将比热比的影响隐藏在其综合作用之下。但是对于能量方程而言，比热比的影响仍然存在于换热项中，这表明，在气体流动的换热过程中，气体工质比热比的差异将影响气体的内能变化。因此，需要对能量方程进行进一步的考虑。对于高速流，气体动能变化在能量交换过程中不可忽略，因此通常采用总能方程来描述高速流的能量过程。其无量纲形式如式（4-4）所示。

$$Src_p'\frac{\partial T'}{\partial x_j'}+c_p'u_j'\frac{\partial T'}{\partial x_j'}=\frac{1}{RePr}\frac{1}{\rho'}\frac{\partial}{\partial x_i'}+\left(\lambda'\frac{\partial T_i'}{\partial x_j'}\right)+\frac{1}{Re}\frac{1}{Eu}\frac{(\gamma-1)}{\gamma}\frac{\mu'}{\rho'}\left[\frac{1}{2}\left(\frac{\partial u_i'}{\partial x_j'}+\frac{\partial u_j'}{\partial x_i'}\right)^2-\frac{2}{3}\left(\frac{\partial u_j'}{\partial x_j'}\right)^2\right]$$

$$(4-4)$$

在该方程中，对流项中的气体比热比被等压比热约分，这说明在换热过程中，气体比热比的差异对内能变化有影响但是对总能变化过程没有影响。而对于黏性耗散项，比热比的影响依然存在。在表面体积比较大的位置，即近壁面区域，流动剪切力较大。而对于表面体积比较小的主流区域，流动剪切较小，其黏性耗散作用可以忽略。因此对于比热比对流动的研究应分开为黏性流动与主流两个方面。那么对于以分离流为主要构成，辅以局部附着流特征的径流式叶轮机械内部流动，若要保证其在不同工质之间流动结构的相似，则应该对前两者的流动相似准则数集综合考虑。其中基于无量纲动量方程，流动欧拉数和雷诺数是决定叶轮机械内部流动相似的必要条件。另一方面对于不同工质流动特性的比较，附着流的流动特性以流动黏性阻力损失为衡量，分离流的流动特性以栅后总压损失分布为衡量，对于叶轮机械，其流动特性应为绝热效率以及膨胀比。在考虑流动特性等效的过程中，流动速度也是决定附着流黏性损失的重要因素。另一方面，在完全分离的叶栅流动中，即使来流速度不同，流动结构相似的同时也保证了不同工质叶栅流动特性的相似。而在小分离结构的叶栅流动中，速度不同以及工质物性的差异同样使附着流的黏性损失对叶栅栅后的整体损失造成一定影响。因此流速对叶轮机械的影响需要单独讨论。

除以上条件，不同工质叶轮机械流动结构相似以及特性等效还应保证几何结构的相似并关注叶轮速度三角形的构建，以向心涡轮模型为例，这包括：

1. 几何相似

不同工质叶轮机械的几何相似不仅是叶轮尺度的相似，同时也应该保证两种涡轮的叶片型线、流道构造也完全一致，以向心涡轮的进口直径 D 作为衡量涡轮大小的特征尺度，叶轮机械的几何相似可以表示为

$$\frac{D_1}{D_2}=1 \tag{4-5}$$

式中，角标"1""2"分别代表两种不同工质。

2. 速度三角形的构建

对于确定结构的叶轮机械而言,速度三角形的构造决定了叶轮的进口角度、攻角、轮缘功等方面,并直接影响着叶轮内部流道的压力分布。开展两种不同工质叶轮机械流动结构相似的研究,其速度三角形应基于同种设计思路构造,这包括:

不同工质叶轮机械的速度三角形的流量系数应相同,如式(4-6):

$$\phi_1 = \phi_2 \ \text{其中} \ \phi = \frac{c_{1a}}{u} \tag{4-6}$$

不同工质叶轮机械的转速比等于其体积流量之比,如式(4-7):

$$\frac{n_1}{n_2} = \frac{V_1}{V_2} \text{同时} \ n_1 = n_2 \tag{4-7}$$

当不同工质涡轮速度三角形相似时,两种工质的流动欧拉数在流动三个分量的比值相同,即式(4-8):

$$\frac{Eu_{c1}}{Eu_{c2}} = \frac{Eu_{u1}}{Eu_{u2}} = \frac{Eu_{w1}}{Eu_{w2}} \tag{4-8}$$

同时由于速度三角形的相同,不同工质涡轮的速比也同样相同,即

$$\frac{u_1}{c_{s1}} = \frac{u_2}{c_{s2}} \tag{4-9}$$

基于不同工质叶轮机械之间的相似条件,建立了稀有气体叶轮机械特性相似的模化流程如图4-1所示。对于确定的叶轮机械模型,其工质的比热比为 γ_1,叶轮机械进口总温、总压、出口静压等边界条件已知,并确定基于工况的流动参数数组,包括雷诺数 Re、马赫数 Ma、欧拉数 Eu 以及速度三角形 v。对原型叶轮的特性进行模化时,一般采用性质相近、成本较低、高安全性的经济型工质。对于本书采用的氦氙混合工质,可采用同为惰性气体的氩气作为替代工质,其比热比与氦氙相同,即 $\gamma_1 = \gamma_2$。另一方面,现在更趋向于利用空气作为替代工质以进一步降低相似成本,而空气比热比与氦氙不同,即 $\gamma_1 \neq \gamma_2$。因此在进行流动参数的选择时需要进一步考虑。当 $\gamma_1 = \gamma_2$ 时,选取雷诺数、马赫数和速度三角形作为相似模化条件,即 $Ma\text{-}Re\text{-}u$ 体系;当 $\gamma_1 \neq \gamma_2$ 时,选取雷诺数、欧拉数和速度三角形作为相似模化条件,即 $Eu\text{-}Re\text{-}u$ 体系,再利用工质物性和欧拉数工况对马赫数进一步求解。最终基于速度条件结合马赫数和雷诺数工况求解模化工质涡轮的进口总温、总压、出口静压等边界条件。实际上,同族工质采用的 $Ma\text{-}Re\text{-}u$ 体系同样是 $Eu\text{-}Re\text{-}u$ 体系的一种变体,前者在衡量流动的动量交换时忽略了工质比热比的影响。

基于以上方法,建立不同工质的径流涡轮数值模型以探究 $Eu\text{-}Re\text{-}v$ 体系下不同工质叶轮机械的流动性质,并确定工质物性在径流涡轮流动结构相似及特性等效过程中施加影响的大小,不同工质的物性及流动模化条件的具体值如表4-1所示,并依据图4-1方法计算涡轮边界条件。

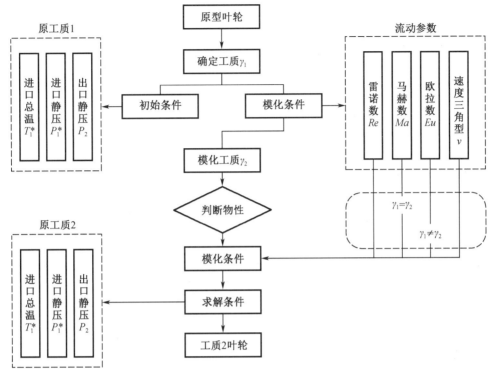

图 4-1　不同工质叶轮机械相似条件确定流程

表 4-1　不同工质物性及模化条件

工质	摩尔质量/（g/mol）	比热比 γ	欧拉数 Eu	马赫数 Ma	雷诺数 Re
氦气	4.004				
氦氙 15.9	15.9				
氦氙 40	40	1.667	12.45	0.22	5.63×10^5
氩气	40				
空气	28.9	1.4		0.24	

　　基于原型氦氙 40 涡轮设计不同工质的速度三角形,其中进口前缘位置绝对和相对气流角分别为 73° 和 0°,出口气流角分别为 0° 和 63°。在进口位置相同的流动欧拉数保证了不同工质叶轮机械内流动量交换处于相同水平,进而保证了在设计进口速度三角形的情况下,不同工质的出口速度三角形也符合设计预期。除氦气工质外,设计不同工质叶轮来流速度相同。对于表征不同工质无量纲速度工况的马赫数而言,当当地温度相同时,工质的音速随工质分子量的降低急剧增加。换言之,如果不同工质来流速度保持一致,可通过调整进口温度使得不同工质叶轮进口达到相同的来流欧拉数。在此前提下,由于氦气工质分子量较低,因此在给定来流速度情况下,其涡轮进口温度过低以至于超过涡轮部件限制。因此,给定氦气涡轮进口流速为设计值的二倍。不同工质叶轮机械速度三角形如图 4-2 所示。

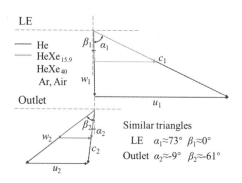

图 4-2　不同工质速度三角形结构

不同 2 质叶轮机械的模化结果如图 4-3 所示,不同工质涡轮的进口气流角与氦氙原型设计值的差值在 1°以内,不同工质的速度三角形基本相似。在相同的来流速度下,对于氦氙混合气、氩气、空气等工质而言,四种涡轮比功的相对误差不超过 1%,其比功基本处于 157 kJ/kg。氦气涡轮的速度三角形尽管与原型机相似,但是其尺度是原型机的两倍,因此其输出功远高于其他涡轮,约为 710 kJ/kg。由于不同工质物性不同,不同工质涡轮的总膨胀比也存在一定的差异,其分布如图 4-3(b)所示。因此本相似模化方法并未保证工质在流道中的等熵膨胀能力。

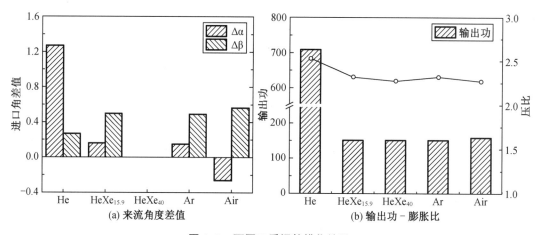

图 4-3　不同工质涡轮模化结果

基于相似的四速度三角形,不同工质的流场也应当是相似的而无须过度追求每种流动特征的完全一致。但是,在流场中所包含的主要流动结构的绝对位置和空间尺度应当是近似的。以氦氙原型机和空气涡轮为例,两种工质径流涡轮的压力面流动结构如图 4-4 所示。

径流式涡轮的压力面流动不完全由附着流组成,由于向心力的作用,压力侧仍存在一定的涡系结构。在叶片的低叶高区域,存在较大范围的再附线流动结构,并在流道后半段生成一条由壁角涡形成的分离线结构。在叶片顶部,气流由压力面侧跨过间隙流向吸力面侧,并在该区域生成再附线。高叶高及低叶高区域的再附线促进了中间叶高区域分离线的形成。基于以上典型结构辅助分析,氦氙原型机和空气涡轮的压力面流动结构基本相似。流场流动与工质的物性无关。

径流式涡轮的吸力面流动更为典型,在比较各工质叶轮流动之前,需明确其涡系结构。如图 4-5 所示,以氦氙原型机为例,在设计工况下,吸力面典型流动结构包括:

(1)吸力面侧前缘位置的来流分离。基于速度三角形的计算结果,前缘位置存在略微的正攻角,这使得来流在该位置生成一定程度的分离结构。前缘分离在绝大部分叶片展向区域的发展并不明显,整体上仍沿吸力面弧度流动。但在 80% 叶高截面以上,来流更靠近叶顶间隙,使得其在吸力面具有较大弧度位置

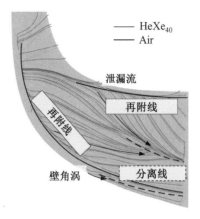

图 4-4　径流涡轮压力面流动结构

的 18%~52% 流向区域受到由压力面而来的泄漏涡的挤压,在该位置产生较大程度的流动分离泡,分离流在尾缘位置与主流混合。

(2)流向前段区域的泄漏涡。在叶顶间隙位置,由于两侧压力面和吸力面的压差导致形成间隙泄露流,不同流向位置的泄漏流在穿过间隙后会发展为不同形状的泄漏涡。如图 4-5 所示,间隙处流向 52% 位置可作为旋涡发展的一个粗略的区分点。在此位置之前,压力面流在吸力面侧形成大范围的泄漏涡。在流向 10% 位置,泄漏流向叶片低叶高方向流动进而形成二次流。同时该流动也影响高叶高位置的前缘流动,使其发生分离。间隙泄漏流随流向发展逐渐增强,同时在吸力面侧形成泄漏涡。基于速度矢量分析,其涡核核心随流向发展逐渐远离壁面,沿流道横向迁移。而在流向 52% 位置后,叶片弧度较低,泄漏流不再形成旋涡而直接与主流混合。

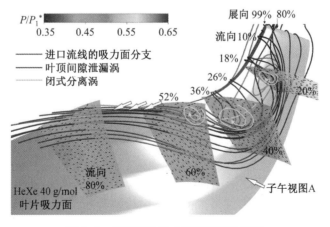

图 4-5　径流涡轮吸力面典型流动结构

在上文所述典型流动的基础上,为说明不同工质吸力面流动的相似性,选取氦气、氦氙 40 以及空气涡轮的吸力面极限流线如图 4-6 所示,径流式涡轮流线尽管复杂但其仍遵循一定规律。在前缘位置,三种工质的速度三角形均存在 1° 左右的正攻角,这使得前缘位置具

有流动分离-再附结构,形成再附线 N_1Ns_1。螺旋点 Ns_1 表示前缘位置发生的闭式分离。泄漏涡结构主要存在与流向 $20\%\sim40\%$ 流向范围,并可以通过极限流线识别出泄漏涡拓扑由再附线 N_1N_2 和分离线 S_1Ns_2 组成。螺旋点 Ns_2 表示泄漏涡是闭式分离形式,且在吸力面一定存在鞍点 S1。在吸力面低叶高区域存在边界层的横向迁移并在叶片表面形成再附线 N_5N_6。在横向迁移和泄漏流再附的影响下,一定存在分离线 N_3N_4。在流向 40% 位置以后,边界层径向迁移逐渐上升至叶片中段。由于此处存在泄漏流 N_7S_2,结合当地位置的流动方向,此处存在鞍点 S_2。三种工质具有相同的流动图谱,其吸力面流动结构相似。

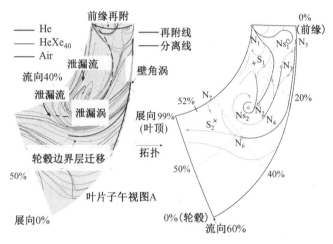

图 4-6 径流涡轮吸力面流线及一般拓扑

图 4-7 展示了不同工质涡轮在 50% 叶高 B2B 截面的欧拉数分布。在前缘位置,由于相同的来流正攻角,不同工质的涡轮流道存在一个相同程度的高 Eu 区域。流道内欧拉数分布的分界点大约在叶片流向中段,该位置以后 Eu 显著增加。不同涡轮在尾缘附近均存在局部的高 Eu 区域,流体尾迹长度基本相同,叶片后掺混段 Eu 分布均匀且相等。流动欧拉数在通道中分布基本相同,这意味着其量化的动量传递处于相同的水平。在前缘和通道出口位置,提取了不同流体的平均速度方向。在限制进口速度三角形的情况下,由于动量传递的一致性,这几种涡轮的出口速度分量具有相同的三角形结构,同时也决定了流场中各参数具有相同的变化趋势。

设计点下不同工质涡轮绝热效率和相对误差如图 4-8 所示。如前文针对分离流流动特性相似的讨论,不同工质涡轮中相似的流动结构表明这些涡轮具有相同水平的压差阻力损失,这使得其绝热效率基本相同为 88%。尽管不同工质的物性有一定差异,但是其对于涡轮特性的影响远小于其对黏性流动特性施加的影响。在模拟中,不同工质涡轮特性的差异更是由于速度三角形的细小差别造成的流场结构差异所导致的。涡轮效率参数的相似意味着具有大分离流动结构的向心涡轮与分离流的相似机理类似,且其中以压差阻力损失占主导,并在保证流动结构相似的同时,流动特性随之相似。

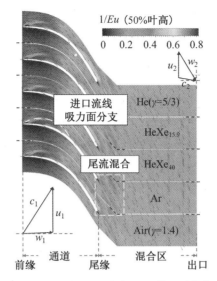

图 4-7　径流涡轮 50%叶高 B2B 截面欧拉数分布

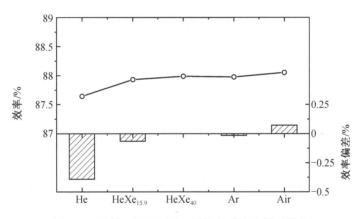

图 4-8　设计工况下不同工质涡轮效率和相对误差

4.2.2　叶轮机械相似模化的欧拉数敏感性

　　如前文所述,不同工质径流涡轮的绝热效率在 Eu-Re 体系下实现流动结构相似时相等,并与工质物性及流速无关,这说明涡轮的流动相似特性与前文高负荷叶栅正攻角工况所表征的大分离结构流动类似。如前文讨论,不同工质在正高工况下的叶栅流动在低马赫数时对欧拉数变化并不敏感;而在高马赫数时对欧拉数变化具有一定敏感性,并且,其敏感性表现在欧拉数变化时叶栅吸力面表面流动转捩位置及边界层形状因子分布的变化,进而影响流动损失。那么对于具有相同大分离流动结构的径流涡轮而言,其流动结构也应在高马赫数(高亚音速)时具有欧拉数敏感性,同时欧拉数的改变也应该引起流动结构的变化,进而使得其绝热效率与原型机存在差异。但是对于径流涡轮,似应考虑其特有的设计体系以及其所处的实际工况,这包括:

（1）涡轮进口的实际速度为来流相对速度；

（2）径流涡轮采用径向进气作为一般性构造。

基于以上设计原则，尽管由于收缩段中气流膨胀加速使得涡轮进口绝对马赫数处于0.7~0.8，但是在圆周速度的作用下，进入叶片通道内部的实际马赫数为相对速度马赫数。在进口气流角的一般性选择的前提下，该相对马赫数一般处于0.3以下。对应前文对马赫数、欧拉数的讨论，涡轮进口工况为低马赫数工况，进口流动特征处于马赫数自模区内。因此，讨论高马赫数工况下欧拉数对涡轮特性的影响仅对径流式涡轮而言似乎是不必要的。

本节讨论集中于在设计马赫数下，欧拉数变化对涡轮特性的影响。基于空气工质涡轮建立了进口流动马赫数与氦氙原型机相同的计算模型——空气2，空气1为上文建立的欧拉数相同模型，不同工质雷诺数相同，其流动边界条件如表4-2所示。

表4-2　不同欧拉数工况涡轮流动条件

工质	比热比 γ	欧拉数 Eu	马赫数 Ma	雷诺数 Re
氦氙40	1.667	12.45	0.22	5.63×10⁵
空气1	1.4		0.24	
空气2		14.98	0.22	

不同流动模型在50%叶高B2B截面压力场分布如图4-9所示。在相同的速度三角形下，不同来流欧拉数的空气涡轮具有相同的主要流动结构。参考前文所述的三维流动结构，在前缘位置，发生流动分离现象，前缘附近区域压力场具有较大的压力波动。在涡轮流道中流动存在一定膨胀，流道中压力场具有明显的梯度变化。在叶片尾缘附近，由于叶片两侧流动的掺混导致该区域压力场的变化较为明显，同时尾迹掺混在下游流动也存在一定程度的压力波动，并逐渐在掺混区中平均。基于图4-9，在上述流动结构分布相同的情况下，可以判定不同来流欧拉数的空气涡轮具有相同的流动结构，其流动具有相似性。

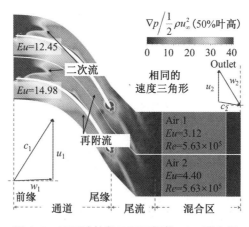

图4-9　不同欧拉数工况下涡轮B2B压力场

图4-10给出了不同流动模型涡轮的绝热效率及其相对氦氙原型涡轮的误差。通过调

整进口温度进而空气涡轮进口欧拉数,这使得空气 2 涡轮的速度三角形与空气 1 完全一致,最大程度地控制了变量。在流动结构相似的前提下,仅就径流涡轮而言,欧拉数的变化对于涡轮性能的影响可以忽略不计,其与氦氙原型涡轮的效率特性基本一致。

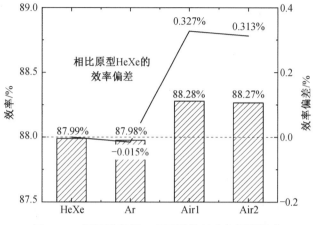

图 4-10　不同欧拉数工况下涡轮效率与原型误差

4.2.3　叶轮机械相似模化的雷诺数敏感性

在传统相同空气工质之间叶轮机械的相似模化中,由于环境压力的不可变性,其 Re 相似条件一般通过调整流速及叶轮尺度来实现。而对于氦氙叶轮机械,由于其循环采用闭式回路,以排气压力作为其环境压力,因此氦氙涡轮的运行压力调整具有其灵活性。对于采用空气工质模化其叶轮机械特性,也可采用相同的闭式循环思路(close cycle,CC),以使得保证流速及叶轮尺度的前提下,实现其需满足的 Eu-Re 条件。基于空气工质涡轮建立不同雷诺数下的涡轮计算模型,通过调整排气压力进而调整叶轮工作压力,在保证来流速度及欧拉数情况下,实现雷诺数在 $1.18 \times 10^5 \sim 6.43 \times 10^5$ 区间内变化,开展不同工质叶轮机械相似模化过程中对雷诺数条件变化的敏感性研究,流动条件如表 4-3 所示。

表 4-3　不同雷诺数条件涡轮流动条件

工质	比热比 γ	欧拉数 Eu	马赫数 Ma	雷诺数 Re
氦氙 40	1.667	12.45	0.22	5.63×10^5
空气	1.4		0.24	$1.18 \times 10^5 \sim 6.43 \times 10^5$

空气涡轮转子叶片随雷诺数条件变化的表面载荷分布如图 4-11 所示,其主要差别体现在吸力面及压力面后段。不同雷诺数下,吸力面侧前缘分离以及叶中位置由于二次流结构导致的表面压力波动存在一定差异。流动雷诺数较低时,叶片后段吸力面和压力面侧的载荷均略增加。随着雷诺数的增加,叶片载荷分布的差异逐渐变小,当雷诺数 $Re > 5.2 \times 10^5$ 时,叶片表面载荷系数分布基本不变,此时流动应达到雷诺数自模化状态。同时,当空气涡轮处于氦氙原型机的雷诺数流动状态时,处于雷诺数自模区内。

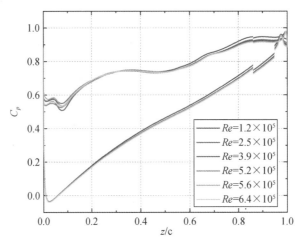

图 4-11 不同雷诺数下壁面载荷分布

图 4-12 给出了雷诺数为 1.18×10^5 及 5.63×10^5 时的 80% 叶高位置 B2B 截面流动无量纲压力场分布。如前文所述,大分离流动结构对雷诺数变化较为敏感。由于涡轮进气由蜗壳提供,其蜗管进气室及截面的梨形结构增强了进气扰动,同时径流涡轮内部复杂的三维流动结构使得流动在流道中迅速转捩,叶片表面层流段很小。因此雷诺数变化可能不会通过影响层流转捩进而显著影响流动结构。尽管如此,雷诺数变化仍对流动压力场产生一定影响。如图 4-12 所示,在叶片压力面中段,低雷诺数流动的压力梯度变化明显较强。同时在吸力面后段,此处附着流动是吸力面后段叶尖泄漏流与吸力面流动分离在此处附着后流动的混合。低雷诺数工况下,该位置压力梯度变化较明显。同时雷诺数的变化也影响了吸力面与压力面流动在尾缘位置的掺混,低雷诺数工况流动下游尾迹更明显。

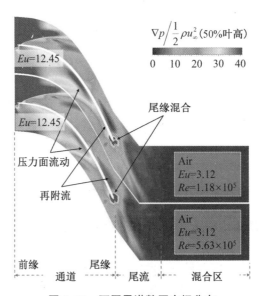

图 4-12 不同雷诺数压力场分布

　　图 4-13 给出了相似模化中叶轮效率的雷诺数特性。低雷诺数情况下 (Re = 1. 18×
10^5) ,由于流动更为复杂,此工况下的叶轮效率较低。随着雷诺数的增加,叶轮效率逐渐增
加。当 Re>5.2×10^5 时叶轮流动结构已基本稳定,叶轮效率达到雷诺数自模化,稳定在
88.2%左右。如果采用开式回路(Open cycle, OC) ,及涡轮的排气压力固定为大气压,叶轮
运行雷诺数通过调整流速来实线,其效率如图所示。由于来流温度的限制,基于氦氙原型
涡轮指标的开式回路空气涡轮的雷诺数未能达到设计值,但其效率略比采用相同流速的闭
式回路空气涡轮低,约为 87.5%。

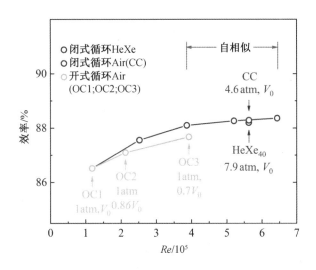

图 4-13　涡轮效率的雷诺数特性

4.2.4　叶轮机械相似模化的速度影响因素

　　对于附着流及分离流的流动特性相似,仅需满足 Eu-Re 条件即可实现不同工质之间流
态及流动结构的相似。同时,对于以附着流及分离流为基本构成的叶轮机械流动,在 Eu-Re
体系下也可实现不同工质叶轮三维流动结构的相似,速度因素仅作为影响流动特性的参数
而与流态相似无关。在大尺度分离流流动特性比较中,速度因素也对流动特性相似几乎没
有影响。对于径流式叶轮机械,前文所建立的具有二倍尺度速度三角形的氦气涡轮在实现
与氦氙原型机流动相似的同时,其效率特性也基本一致。这是因为流动通道内压力场的建
立与速度三角形的形状不无关联,而压力场塑造了流道内的三维流动并使得不同工质具有
相同水平的压差阻力损失。出于以上原因,这似乎说明速度因素可能对叶轮机械相似并无
影响,然而该推论的实现实际上基于相似速度三角形这一前提,而在不同速度涡轮的变工
况过程中,速度三角形的变化趋势实际上有所变化。

　　基于空气原型涡轮建立了低速空气涡轮计算模型,其流速为空气涡轮的 0.86 倍,保持
其流动条件与氦氙原型机一致,不同模型边界条件如表 4-4 所示。

表 4-4 不同流速涡轮流动条件

工质	比热比 γ	欧拉数 Eu	马赫数 Ma	雷诺数 Re	来流速度
氦氙 40	1.667		0.22		u
空气	1.4	12.45	0.24	5.63×10^5	
空气					$0.86u$

不同速度空气涡轮在设计转速下的效率特性线如图 4-14 所示,其中效率特性的横坐标和转速基于工况流量与设计流量之比而非折合流量及折合转速,以提供不同涡轮效率特性的直接模化。选取设计点($G/G_0 = 1$)及两个低工况点($G/G_0 = 0.81, G/G_0 = 0.64$)作为代表工况,两种流速的涡轮效率比较如图所示。

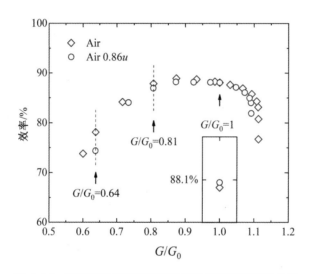

图 4-14 不同速度条件空气涡轮设计转速下效率特性线

设计工况下两种速度空气涡轮的速度三角形如图 4-15 所示,其中低流速涡轮的速度三角形是涡轮原型机的等比例缩放构型。两种涡轮在前缘位置及涡轮出口位置的速度方向基本相同。

相似的速度三角形构成使得两种涡轮的压力场分布相似,二者具有相同的来流正攻角,同时在吸力面侧具有相同程度的流动分离,栅后尾迹掺混位置的压力场分布也基本一致。这使得二者的效率基本相同,为 88.08%。

当涡轮工况向低功率方向变化时,不同速度涡轮的速度三角形出现差异,如图 4-17 所示。基于计算结果,流速较低(0.86u)的空气涡轮的进口相对气流角相比于原型机变化更大,其在前缘位置形成的正攻角较大(3°);另一方面,在涡轮出口位置,其绝对气流角也相对于原型机偏离更多,8°的偏离使得低流速涡轮具有更大的出口排气损失。

一方面,二者效率之间的误差部分是不同速度导致的附着流黏性损失不同造成的;另一方面,其效率差异主要是流场结构的差异导致的。两种涡轮的流动欧拉数及雷诺数均不一致,且雷诺数大于 5.2×10^5,流动均处于雷诺数自模区内,可忽略欧拉数及雷诺数变化对流场的影响。$G/G_0 = 0.81$ 工况下不同流速涡轮的截面参数分布如图 4-18 所示。更大的来流攻角使得涡轮在前缘位置的流动分离加剧,同时吸力面后段的流动分离也更为严重。低流速涡轮在该工况点的效率略有降低为 86.97%,而原型机为 87.87%。

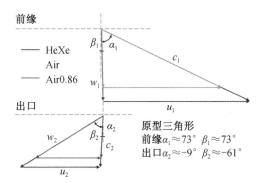

图 4-15　不同速度空气涡轮设计速度三角形

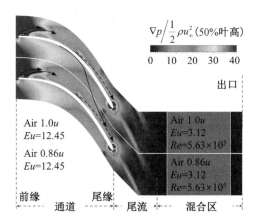

图 4-16　不同速度空气涡轮设计工况压力场

　　当工况点进一步变化时,二者效率之间差异更为明显,这是因为二者速度三角形之间的差异更大了。在该工况点,两种不同流速的涡轮质量流量的下降程度相同。在理想情况下($ideal, i$),二者速度三角形的径向、轴向分量应同时下降为原工况的 0.64 倍,从而使得二者速度三角形具有相同程度的变化以在低工况情况下仍具有相似的速度构型,如图 4-19 所示。

　　然而,在相同的进口尺度下,涡轮质量流量的下降实际上是质量通量的下降,及当地密度及流速的乘积。不同工况下密度的差异,使得二者涡轮的径向速度的下降是不同的,其数学关系如式(4-10)、式(4-11)所示。当涡轮处于设计工况时,式(4-11)速度之比为设定值的 0.86。

$$\frac{c_{1m, \text{Air}0.86ui}}{c_{1m, \text{Air}u}} = \frac{0.86u}{u} = 0.86 \qquad (4\text{-}10)$$

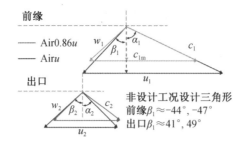

图4-17 不同速度空气涡轮速度三角形($G/G_0 = 0.81$)

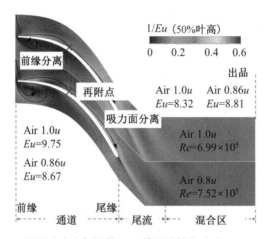

图4-18 不同速度空气涡轮50%截面欧拉数分布($G/G_0 = 0.81$)

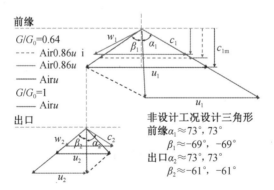

图4-19 不同速度空气涡轮速度三角形($G/G_0 = 0.64$)

$$\frac{\rho_{\mathrm{Air0.86}u} c_{1m,\mathrm{Air0.86}u}}{\rho_{\mathrm{Air}} c_{1m,\mathrm{Air}u}} = 0.86 \frac{\rho_{\mathrm{Air0.86}u,G/G_0=1}}{\rho_{\mathrm{Air}u,G/G_0=1}}$$

$$\frac{c_{1m,\mathrm{Air0.86}u}}{c_{1m,\mathrm{Air}u}} = 0.86 \frac{\rho_{\mathrm{Air0.86}u,G/G_0=1}}{\rho_{\mathrm{Air0.86}u}} \frac{\rho_{\mathrm{Air}}}{\rho_{\mathrm{Air}u,G/G_0=1}}$$

(4-11)

因此，二者速度三角形的构型在工况点变化时变化的幅度是不同的。由于来流绝对方向及出口流速方向受到几何条件限制，其差异主要体现在来流相对气流角及出口绝对方向上。在涡轮流动结构方面，该差异决定了来流负攻角的大小及出口掺混流动的损失。基于流线分析得到的 $G/G_0 = 0.64$ 工况下，不同流速涡轮的截面参数分布及流场拓扑如图4-20所示。

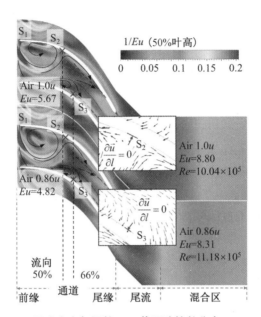

图4-20　不同速度空气涡轮50%截面欧拉数分布（$G/G_0 = 0.64$）

当来流负攻角已经很大的时候，其继续增大将会加剧流场的恶化。以空气原型机为例，涡轮前缘位置发生了较大的流动分离，其范围占据整个叶片前段通道中。分离涡对相邻叶片吸力侧的表面流动形成卷吸作用，使其脱离吸力面表面。在定量比较中，选择鞍点位置作为边界来标记分离涡大小，对叶片吸力面表面速度分布沿壁面弧线求导，速度导数为零位置为流动驻点，并为鞍点。鞍点 S_1、S_2、S_3 分别标记前缘驻点、前缘分离涡附着位置和吸力面分离流附着位置。不同程度的负攻角导致两个涡轮前缘驻点 S_1 位置存在微小差异，而 S_3 位置比较接近，基本处于吸力面66%的弦长位置，二者的主要区别在于前缘分离涡的大小。空气原型机的压力面鞍点 S_2 位于压力面表面50%弦长位置，而低流速空气涡轮（$0.86u$）的流动附着位置更偏向下游。由于负攻角较大，低流速空气涡轮通道内形成的前缘分离涡体积更大，流场结构进一步恶化。因此，在相同质量流量比下，低流速空气涡轮的效率较低为74.4%，原型机为78.1%。

4.3　径流式叶轮机械相似方法的建立

在以往对不同工质之间叶轮机械特性的相似性研究中，其模化方法一般包括相似准则条件以及特性转换方法两部分，即不同工质叶轮机械基于相似条件建立了动力学相似时其叶轮特性基于物性的考虑是存在一定差异的，特性转换方法即是基于物性差异对两种工质叶轮特性进行相互转换,以实现利用一种工质对另一种工质叶轮特性的预测。本章中所建立的相似模化方法是基于无量纲流量比建立的直接相似模化,即在不经过特性转化的前提下基于不同工况下流动结构的相似性实现该工况下实现叶轮效率特性的直接等效。因此相似方法的实现需基于以下两个要素展开。

(1)压差阻力损失在叶轮机械损失中的主导地位是实现效率相似的前提条件。叶轮机械中附着流的流动特性规律遵循 $Eu\text{-}Re\text{-}v\text{-}\mu$ 体系,其中工质黏度的影响和流速的影响将使得不同工质叶轮机械的黏性损失存在差异,其中工质黏度的影响贯穿整个流动损失问题,同时速度项的改变势必破坏不同工质涡轮在变工况时的流动相似性。而基于前文对分离流流动特性相似的讨论,不同工质流动的压差阻力损失只与流动结构有关而与工质物性和流动条件无关,其文章落笔在流态相似的 $Eu\text{-}Re$ 体系。基于无量纲动量方程的讨论,$Eu\text{-}Re$ 相似体系是具有一般性的流动动量传递确定参数。在叶轮机械中,不同工质流动结构的相似性同样基于该体系维持,这使得叶轮机械的压差阻力损失特性在实现流动结构相似的同时随之等效。这就将问题简化为实现流动结构的相似问题。

(2)流速条件是实现变工况下效率等效的关键参数。由于不同工质的音速不同,在满足流速条件时,可调整叶轮流动温度以保证来流欧拉数条件。在确定的来流参数下,可基于流动相似条件预测不同工质涡轮进口总温 T_3^* 如下:

$$T_3^* = T_3 + \frac{1}{2}\frac{c_1^2}{Cp} \tag{4-12}$$

基于径流叶轮的来流相对速度 w_1 以及来流参数建立来流静温 T_3,有

$$\begin{aligned}w_1 &= Ma_{w_1} \cdot a \\ &= \sqrt{\frac{1}{\gamma Eu_{w_1}}} \cdot \sqrt{\gamma R g T_3}\end{aligned} \tag{4-13}$$

$$T_3 = \frac{Eu_{w_1}w_1^2}{Rg} \tag{4-14}$$

基于总能方程计算涡轮进口总温 T_3^*:

$$T_3^* = M\frac{2\gamma Eu_{w_1}w_1^2 + (\gamma-1)c_1^2}{2\gamma R} \tag{4-15}$$

$$T_3^* \propto \left[M, \gamma, Eu, v(c, w, u)\right] \tag{4-16}$$

式中,涡轮进口总温 T_3^* 与工质分子量 M、比热比 γ、来流欧拉数 Eu、速度三角形 $v(c, w, u)$ 有关,进而涉及到工质的选择、流动参数的限制以及径流式涡轮速度三角形的设计体系。同时式(4-12)表明,当分子量、来流欧拉数和速度三角形相同时,不同工质涡轮进口静温相同。图 4-21 给出了涡轮进口总温与上述参数的关系,基于实际条件设定涡轮进口总温阈值为 $300 \sim 1\,500$ K,其中涡轮进口温度 300 K 仅为理论存在值。不同工况的流动参数如表 4-5 所示。

表 4-5　不同工况下的流动条件

工况	欧拉数 Eu_{c1}	雷诺数 Re_1	进口相对速度 w_1/(m/s)	叶尖转速 u_1/(m/s)	进口绝对角 α_1/(°)	进口相对角 β_1/(°)
氦氙原型机	1.33		124.52	402.04	72.8	1.6
工况 1	0.88		124.52	402.04	72.8	1.6
工况 2	2.40	5.63×10^5	124.52	402.04	72.8	1.6
工况 3	1.33		154.86	500	72.8	1.6
工况 4	1.33		144.77	402.04	70	1.6

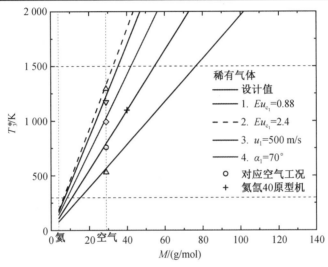

图 4-21　径流涡轮进口总温与工况关系

对于与氦氙原型机的流动参数设计值相同的工况,采用其他配比的氦氙混合气或其他稀有气体单质及二元混合物作为模化工质,其比热比与氦氙相同。若保证相同的流动参数及叶轮机械速度三角形,涡轮进口总温仅与工质分子量有关,且分子量越大,涡轮进口总温越高。在已有的温度阈值内,存在一定分子量范围的稀有气体工质可以对氦氙混合气实现模化。对于原型机工况,稀有气体摩尔质量范围为 11.04~54.8 g/mol。对于径流式涡轮,其进口流动状态一般为高亚音速状态。在相同的欧拉数情况下,空气流动的马赫数略高于稀有气体。因此工况 1 选择空气马赫数 $Ma=0.9$,此时稀有气体马赫数 $Ma=0.83$。当马赫数提高时,稀有气体模化方案的工质选择具有更宽的范围。由于涡轮进口总温的下阈值为理论值,因此模化范围的起始点为理论起始点,实际上工质选择将比该点工质的分子量高。高马赫数下模化理论起始位置将延后,在相同的温度阈值下,工质摩尔质量范围达到 15.67~76.7 g/mol。类似的,工况 2 流动马赫数比原型机略低,稀有气体马赫数 $Ma=0.5$,此时稀有气体可模化工质范围缩短,模化理论起始位置将提前,摩尔质量范围为 6.48~32.5 g/mol。

　　另一方面,在稀有气体涡轮的设计实践中,涡轮进口叶尖转速受到结构强度的限制,一般不超过 500 m/s。在此数值上,维持速度三角形构型不变,径流涡轮的来流速度有所增加。工况 3 中稀有气体模化方案的工质选择范围较窄,模化理论起始位置将提前,摩尔质量范围为 7.25~35.43 g/mol。对应的,如果转速低于原型机设计值 $u_1=402$ m/s,工质摩尔质量范围将更宽,但理论其实位置将延后。

当来流角进一步增加时,来流预旋将增加,涡轮前缘位置叶片负荷将增大,从而导致流道内流动的不稳定,一般而言,来流绝对角的最大值在75°以内。保证进气结构的流动膨胀能力恒定,在相同的来流速度情况下,降低速度三角形来流气流角至70°,并仍以径向进气。稀有气体模化方案的分子量选择范围将变窄,理论起始位置将提前,此时摩尔质量范围为8.39~42.17 g/mol。相应的,相比于原型机进口绝对角 $\alpha_1 = 72.8°$,来流绝对角增大时,稀有气体模化方案的分子量选择将具有更宽的范围。

如式(4-9)所示,不同工质模化方案中,涡轮进口总温的预测值与工质的分子量及比热比有关。当工质分子量、速度三角形、流动参数相同时,比热比越大,涡轮进口总温越大。因此对于氦氙40涡轮原型机的空气模化方案,其涡轮进口总温预测值低于采用同分子量下的稀有气体工质模化方案。

4.4 不同工质径流式涡轮的特性相似研究

4.4.1 稀有气体径流式涡轮模型

向心式涡轮以及离心式压气机在叶轮核心机中以主动轮和从动轮区分,其工作原理决定了二者是耗功部件还是输出功部件,同时二者的流道结构决定了气流流动的顺压力梯度和逆压力梯度,这使得涡轮及压气机的运行特性具有较大差异。但是二者均以大弯角气动分离以及分离涡-间隙涡等涡系干涉为主要的流动特征,这使得二者具有相似的流动结构,并均可归类于大分离流动中。因此可以选取其中一个类比径流式叶轮机械的流动特性,并开展不同工质的径流式叶轮机械相似研究。

基于空间闭式布雷顿循环50 kWe级动力转换单元核心机建立叶轮机械模型,其主要部件包括离心式压气机、向心式涡轮、轴系及自冷却系统,工质采用摩尔质量为40 g/mol 的氦氙混合工质。选取向心式涡轮作为数值研究的基础部件。其采用对称式梨形蜗壳作为周向气流导管,由于空间闭式布雷顿循环动力单元与动力系统解耦,其叶轮机械一般工作于设计工况,因此该型涡轮采用无叶收缩段对蜗壳出口气流整流。工作轮采用直板式叶片构型,叶片数为10。其几何模型如图4-22所示,几何参数如表4-6。

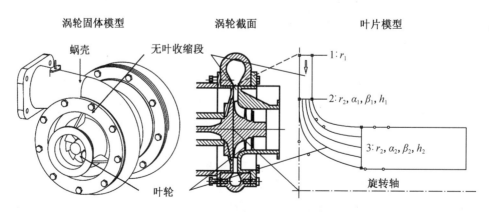

图4-22 稀有气体向心涡轮的物理模型

表 4-6　稀有气体向心涡轮结构参数

部件	截面	参数	单位	数值
收缩段	1	进口直径 r_1	mm	63
	2	出口直径 r_{2s}	mm	44.16
叶轮	2	叶尖直径 r_2	mm	42.66
		叶高 h_1	mm	6.06
		绝对角 α_1	(°)	73
		相对角 β_1	(°)	0
	3(50%截面)	出口叶高 h_2	mm	19.2
		绝对角 α_2	(°)	0
		相对角 β_2	(°)	63
		弦长	mm	46.37
		弧长	mm	49.83
		稠度	—	3.64

基于图 4-22 建立向心涡轮的数值模型及网络如图 4-23 所示。由于气流在静止通道中的膨胀能力同样受到工质物性的影响,因此对于向心涡轮特性的研究不考虑蜗壳结构,但进口无叶收缩段得以保留为动叶提供充分发展的来流。基于 Ansys Turbogrid 对涡轮流道进行结构化网格划分,对轮缘、叶顶间隙、叶片、轮毂等近壁面区域进行边界层加密,其中在叶顶间隙位置布置 22 层网格以精确求解间隙流。对于设计工质氦氩 40 g/mol,第一层网格距壁面距离为 3×10^{-6} m,网格高度比例为 1.2∶1。对于其他工质,网格距离适当调整以使得待测壁面 $y+$ 值满足湍流模型要求。在进口无叶收缩段及出口延长段采用 H 型网格,网格展向比例为 1.18。调整网格节点数目以叶轮绝热效率为目标参数进行网格敏感性验证,最终确定单通道网格数为 104 W。

涡轮数值模型

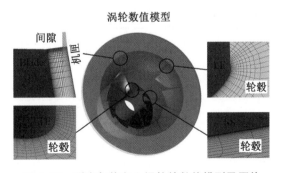

图 4-23　稀有气体向心涡轮的数值模型及网格

基于 RANS 方法对径流涡轮单通道模型进行模拟,采用 $k-\omega$ 二方程 SST 湍流模型和

$\gamma-\theta$ 转捩模型对叶轮通道内的湍流特征进行模化。将轮毂、叶片、轮缘等设置为光滑无滑移壁面。进口采用总温总压边界条件，同时设置进口预旋 75.5°。出口采用静压边界条件，并基于径向平衡方程（radial equilibrium）平均出口参数。对于不同工质叶轮机械特性的研究主要集中于动叶，对于无叶收缩段中的流动，实际上是顺压力梯度的附着流流动，其在不同工质之间的流动性质遵循上文规律。表 4-7 给出了氦氙 40 g/mol 径流涡轮在设计工况下的边界条件，其中流动参数均基于来流相对速度。由于径流涡轮叶片中线为三维曲线，因此选取 50% 截面叶片弧长作为特征长度计算流动雷诺数。下文中不同工质叶轮机械流动条件均基于以下参数建立。

表 4-7　氦氙 40 g/mol 径流涡轮设计工况前缘位置边界条件

参数	单位	数值
进口相对马赫数 Ma_{w1}	—	0.22
进口相对欧拉数 Eu_{w1}	—	12.43
进口绝对马赫数 Ma_{c1}	—	0.67
进口绝对欧拉数 Eu_{c1}	—	1.33
弧长雷诺数 Re_1	—	5.6×10^5
转速	r/min	90 000

4.4.2　稀有气体径流涡轮的同工质相似方法

在流动结构以及保证流速等限制条件下，稀有气体叶轮相似方法并未区分稀有气体族中工质的模化差异，即稀有气体工质可以按照上述规律同一考虑，也即在相同的流动限制条件下，不同稀有气体工质的叶轮机械能够实现特性相似，并基于预测方法实现特性线在全工况下的完全等效。

基于上文相似方法，已知氦氙原型涡轮流动参数，利用图 4-1 所示进出口条件预测平台，得到氩气工质在设计工况下的进出口条件，则不同工质涡轮的模化方案如表 4-8 所示。

表 4-8　稀有气体之间涡轮的设计点模化方案

参数	单位	氦氙 40 原型机	氩气涡轮
分子量 M	g/mol	40	
比热比 γ	—	1.667	
来流相对马赫数 Ma	—	0.22	
来流相对欧拉数 Eu	—	12.45	
弧长雷诺数 Re	—	5.63×10^5	
速度条件 u	—	相等	
工况范围	—	50% ~ 100%	

不同工况采用工况流量与设计流量比定义,并基于叶轮机械的物理转速统一提供不同工质涡轮特性的直接相似模化,不同转速氦氙与氩气的效率特性线如图 4-24 所示。

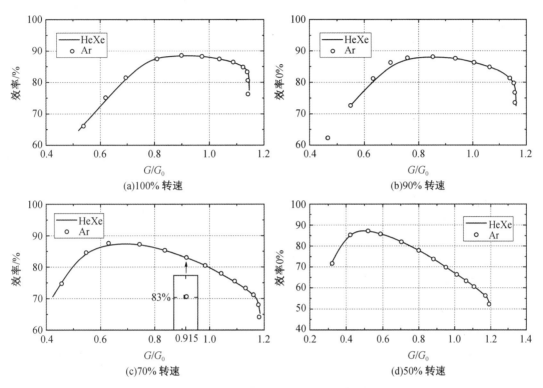

(a)100% 转速

(b)90% 转速

(c)70% 转速

(d)50% 转速

图 4-24　氦氙原型机涡轮效率特性的氩气模化结果

在四个不同的转速区间,氩气的效率工况点与相应流量比的氦氙特性线基本吻合。同时,氩气与氦氙涡轮在不同转速下的最高效率点及涡轮临界位置基本相同。这表明,在 $Eu-Re-v$ 相似体系能够实现氩气工质对氦氙涡轮原型机效率特性的完全相似模化。选取 70% 转速下,流量比为 $G/G_0=0.915$ 工况点作为样本,对该工况点下两种工质涡轮的流场结构以及典型流动参数值进行量化比较。两种工质在该工况下速度三角形以及流场结构分别如图 4-25 及 4-26 所示。

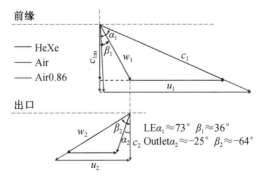

图 4-25　氦氙及氩气涡轮在 70%转速
$G/G_0=0.915$ 工况速度三角形

　　涡轮进口角度由进气组件决定,其进口绝对气流角为定值73°。在70%转速下,进口前缘位置转速降低为设计值的70%,这使得涡轮进口相对流动向切向正方向移动,最终形成36°的相对气流角,也即形成相同程度的进口攻角。在出口位置,出口叶片几何角度限制出口流向为-64°,此时出口绝对气流角变为-25°。在进口正攻角的作用下,前缘分离处于吸力面侧,并形成较大程度的分离涡,不同工质的前缘分离结构相同。流动在吸力面后半段再附,由于出口绝对角畸变,使得尾缘位置出现吸力面回流,并在压力面侧形成明显的回流涡。两种工质涡轮的流场结构基本一致。

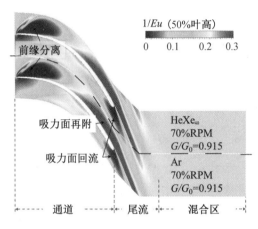

图 4-26　70%转速 $G/G_0=0.915$ 工况下截面欧拉数分布

　　提取流场不同截面的典型参数如表 4-9 所示,并基于该工况下氦氙涡轮参数计算氩气涡轮的相对误差。二者速度三角形方面的误差集中在进口相对角及出口绝对角位置,但误差在±0.5°内,这对于两种工质涡轮流道内流动压力场的形成的影响并不大。另一方面,二者几乎相同的速度三角形使得二者涡轮的比功近似相等。在涡轮进出口,二者欧拉数之间差别在1%左右,这使得二者内部的动量交换处于同一水平,同时二者雷诺数基本相同,这与相似的压力场共同保证了流场的相似性。

表 4-9　氦氙及氩气涡轮在 70%转速 $G/G_0=0.915$ 工况下流动参数比较

截面位置	参数	单位	HeXe$_{40}$	Ar	相对 HeXe 误差
前缘截面 2	绝对气流角 α_1	(°)	73.25	73.4	0.21%
	相对气流角 β_1	(°)	35.58	36.08	1.41%
	马赫数 Ma_{w1}	—	0.21	0.21	0.54%
	欧拉数 Eu_{w1}	—	13.72	13.57	−1.08%
出口截面 3	绝对气流角 α_2	(°)	25.28	25.51	0.93%
	相对气流角 β_2	(°)	63.98	64.12	0.22%
	马赫数 Ma_{w2}	—	0.33	0.33	0.50%
	欧拉数 Eu_{w2}	—	5.56	5.50	1.00%

表 4-9（续）

截面位置	参数	单位	HeXe₄₀	Ar	相对 HeXe 误差
外特性	雷诺数 Re_1	—	5.65×10^5	5.65×10^5	-0.005%
	比功 Lu	kJ/kg	100.81	100.99	0.17%
	膨胀比 π	—	1.71	1.73	1.14%
	效率 η	—	83.08%	83.03%	-0.06%

二者涡轮的膨胀比基本相同。基于等熵功 Lu_s 及实际功 L_u，建立了不同工质涡轮膨胀比相关参数的表达式。其中，涡轮实际出功为等熵功与绝热效率的乘积：

$$Lu = \eta Lu_s \tag{4-17}$$

$$Lu_s = CpT_3\left(1 - \pi^{\frac{1-\gamma}{\gamma}}\right) \tag{4-18}$$

则

$$Lu_s = CpT_3\left(1 - \pi^{\frac{1-\gamma}{\gamma}}\right) \tag{4-19}$$

将式（4-14）带入式（4-18），

$$Lu = \eta\left(Eu_{w1}\frac{\gamma w_1^2}{\gamma - 1} + \frac{c_1^2}{2}\right)\left(1 - \pi^{\frac{1-\gamma}{\gamma}}\right) \tag{4-20}$$

$$\pi \propto [Lu, \eta, \gamma, Eu, v(c, w, u)] \tag{4-21}$$

式中，涡轮膨胀比与涡轮比功 Lu、涡轮绝热效率 η、比热比 γ、来流欧拉数 Eu、速度三角形 u (c, w, u) 有关，进而设计到涡轮设计参数、性能以及工质物性。在 Eu-Re-u 相似体系下，经表 4-9 证实，不同工质在全工况下涡轮的比功与速度三角形及流动参数均可保证。在已经实现全工况下氩气涡轮对氦氙涡轮效率的完全等效模化的基础上，两种工质涡轮的膨胀比仅与工质比热比有关。氦氙工质与氩气的比热比相同，则二者涡轮的膨胀比相同，两种工质涡轮的膨胀比特性线如图 4-27 所示。在四个不同的转速区间，氩气的膨胀比工况点与相应流量比的氦氙涡轮基本吻合。这表明，在 Eu-Re-u 相似体系也能够实现氩气工质对氦氙涡轮原型机膨胀比特性的完全相似模化。

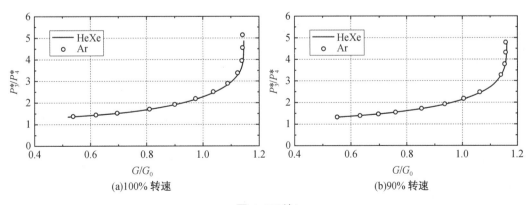

(a)100% 转速　　　　　　　　(b)90% 转速

图 4-27（续）

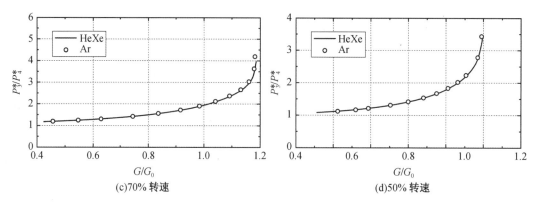

(c)70% 转速　　　　　　　　　　　　(d)50% 转速

图 4-27　*Eu-Re-u* 体系下氦氙原涡轮膨胀比特性的氩气模化结果

事实上,不仅是氩气,基于前文中对工质分子量限制的分析,在许用范围内,稀有气体工质均可以基于 *Eu-Re-u* 相似体系对该涡轮实现全工况范围内基于流量比的对效率和膨胀比的不经过特性转换的完全相似模化,这体现了该相似体系的普适性。

4.4.3　稀有气体径流涡轮的空气相似方法

基于图 4-1 所示相似方法,已知氦氙原型涡轮流动参数,得到空气工质涡轮在设计工况下的进出口条件,不同工质涡轮的模化方案如表 4-10 所示。

表 4-10　氦氙和空气涡轮的设计点模化方案

参数	单位	氦氙 40 原型机	空气
分子量 M	g/mol	40	28.9
比热比 γ	—	1.667	1.4
来流相对马赫数 Ma	—	0.22	0.24
来流相对欧拉数 Eu	—	12.45	
弧长雷诺数 Re	—	5.63×10^5	
速度条件 u	—	相等	
工况范围	—	50%~100%	

图 4-28 给出了 *Eu-Re-u* 体系下氦氙涡轮的空气模化结果,在绝大部分工况区域,空气工质对氦氙涡轮的效率特性具有较高的模化精度,其差异主要发生在涡轮临界状态流量。由于氦氙涡轮与空气涡轮的主要差异在于分子量及比热比两项,对于临界状态流量差异的讨论应从此二者着手。另外,由于现阶段空气未能实现氦氙涡轮的效率模化,此时讨论其对膨胀比的模化精度也暂无必要。

氦氙 40 与氩气的模化方案实际上是稀有气体模化中分子量相同的特例,若开展分子量对模化能力的研究,选取分子量为 15.9 g/mol 的氦氙混合工质作为模化气体,其涡轮设计点相似模化方案与氦气相同,如表 4-8 所示。两种工质涡轮在设计转速下的效率模化结果如图 4-29 所示。在相同的相似体系下,两种涡轮的临界流量比基本一致,同时在设计点附近,氦氙 15.9 g/mol 工质对于原型涡轮也具有较高的模化精度,这证明临界流量比与工质分子量无关,而与比热比有关。

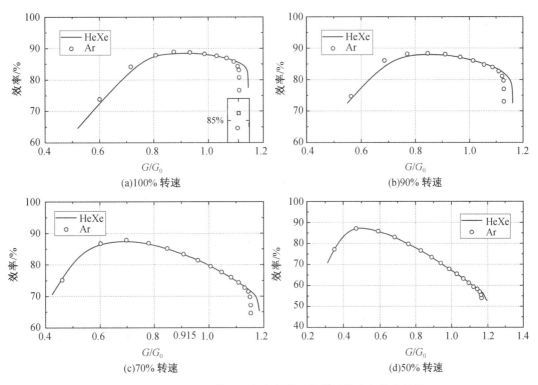

图 4-28　*Eu-Re-u* 体系下氦氙涡轮不同转速的空气模化结果

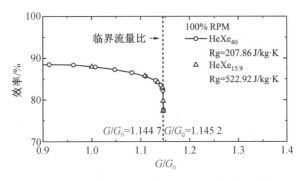

图 4-29　不同分子量氦氙工质涡轮效率特性模化

在相似准则中,工质比热比 γ 是置于欧拉数的统筹考虑之下。因此,由工质比热比导致的空气对氦氙涡轮的模化误差,是由于涡轮临界状态下欧拉数未能实现氦氙与空气涡轮流动相似导致的。选取设计转速下,空气涡轮临界前流量比为 $G/G_0 = 1.109$ 工况点作为样本,其流场详细参数如表 4-11 所示。

表 4-11　设计转速 $G/G_0 = 1.109$ 工况点氦氙与空气涡轮截面参数对比

截面位置	参数	单位	HeXe$_{40}$	Air	相对 HeXe 误差
前缘截面2	绝对气流角 α_1	°	71.74	71.46	0.40%
	相对气流角 β_1	(°)	22.23	22.07	0.72%
	马赫数 Ma_{w1}	—	0.27	0.29	—
	欧拉数 Eu_{w1}	—	8.01	8.24	-2.81%
出口截面3	绝对气流角 α_2	(°)	31.98	35.83	-12.04%
	相对气流角 β_2	(°)	61.31	61.26	0.06%
	马赫数 Ma_{w2}	—	0.65	0.74	—
	欧拉数 Eu_{w2}	—	1.43	1.32	7.46%
外特性	雷诺数 Re_1	—	6.54×10^5	6.36×10^5	-0.005%
	比功 Lu	kJ/kg	197.78	203.56	-2.92%
	效率 η	—	85.65%	85.80%	-0.17%

两种工质涡轮在进口截面差别并不大,但由于在出口截面空气涡轮马赫数较高且与氦氙差别较大,因此在相同的出口相对气流角下,绝对气流角比氦氙稍大。由于此工况点空气涡轮尚未临界,尽管出口速度三角形略有不同,但两种工质涡轮此刻效率仍基本相同。但当涡轮流量略微增加时,空气马赫数进一步增加,涡轮将达到临界状态,而此时氦氙涡轮尚未临界,这使得二者效率变化趋势显著不同。而选择来流马赫数作为空气与氦氙涡轮相似参数时($Ma_{w1} = 0.22$),不同工质涡轮设计转速下效率特性如图 4-30。

Roberts 指出当不同工质叶轮机械之间以马赫数为准则进行特性模化时,工质比热比越小,其堵塞折合流量越大。图 4-30 中,基于 Ma 条件的空气涡轮的临界流量比大于氦氙涡轮,而基于 Eu 条件的空气涡轮的临界流量比小于氦氙涡轮,则若利用空气实现氦氙工质涡轮对临界状态特性的模化,其相似准则应为 $Ma(\gamma^0 Ma^2) \sim Eu(\gamma^1 Ma^2)$ 之间,即 $\gamma^x Ma^2$,其中 $0 < x < 1$。亚音速涡轮流道可近似为一维收缩喷管,其在不同准则数下对应的预测值 G'_x 可由式(4-22)计算。

$$G'_x = A \cdot K \cdot q \cdot \frac{P_3^*}{\sqrt{T_3^*}} \cos\alpha_1 \tag{4-22}$$

式中,K 为常数,与气体比热比 γ 以及气体常数 Rg 有关,如式(4-23);q 为流量函数,与当地马赫数 Ma 或无量纲速度系数 λ 有关,即 $q(Ma)$ 或 $q(\lambda)$,如式(4-24);马赫数 Ma 与无量纲速度系数 λ 关系如式(4-25)。

$$K = \sqrt{\frac{\gamma}{Rg}\left(\frac{2}{\gamma+1}\right)^{\frac{\gamma+1}{\gamma-1}}} \tag{4-23}$$

$$q = \left(\frac{\gamma+1}{2}\right)^{\frac{1}{\gamma-1}} \lambda \left(1 - \frac{\gamma-1}{\gamma+1}\lambda^2\right)^{\frac{1}{\gamma-1}} \tag{4-24}$$

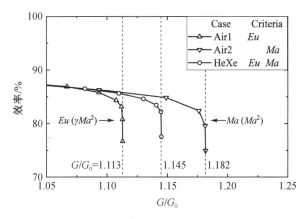

图 4-30　不同相似准则下氦氙涡轮效率特性空气模化

$$\lambda^2 = \frac{\dfrac{\gamma+1}{2}Ma^2}{1+\dfrac{\gamma-1}{2}Ma^2} = \left[1-\left(\frac{P}{P^*}\right)^{\frac{\gamma-1}{\gamma}}\right]\frac{\gamma+1}{\gamma-1} \tag{4-25}$$

当涡轮处于临界状态时,流道喉部当地马赫数 Ma 与无量纲速度 λ 为 1,此时临界流量 G'_{xcr} 预测值如式(4-26),其中氦氙涡轮的临界流量比 $G'_{cr}/G'_0=1.076$。氦氙涡轮临界流量比为 $G_{cr}/G_0=1.1457$,其与预测值之间的差异是由于式(4-22)和(4-26)是基于一维等熵流动展开的,由于流动存在损失,CFD 计算得到的设计流量及临界流量比对应工况下的预测值略小,其临界流量比较大。

$$G'_{xcr} = AK\frac{P_3^*}{\sqrt{T_3^*}}\cos\alpha_1 \tag{4-26}$$

基于图 4-1 计算不同 x 值下空气涡轮设计点下对应的来流参数,基于式(4-22)、式(4-26)计算得到不同准则数下空气涡轮临界状态下的流量比,如图 4-31 所示,从而将其范围缩小至 0.5 附近。另一方面,氩气在采用 Eu 作为相似准则时,流量比预测值与氦氙基本一致,体现了二者之间的一致性。基于 CFD 计算对不同 x 值下空气涡轮求解,得到 $x=0.497$,空气涡轮的临界流量比与氦氙涡轮基本一致。

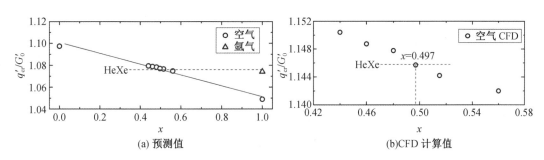

图 4-31　不同 x 值下空气涡轮临界流量比

基于 $\gamma^{0.497}Ma^2\text{-}Re\text{-}u$ 相似条件,氦氙工质涡轮效率特性在不同转速下的空气模化方案中二者新准则数为 $\gamma^{0.497}Ma^2 = 0.062$,二者马赫数分别为 $Ma_{\text{HeXe}} = 0.22$、$Ma_{\text{Air}} = 0.23$,模化结果如图 4-32 所示。

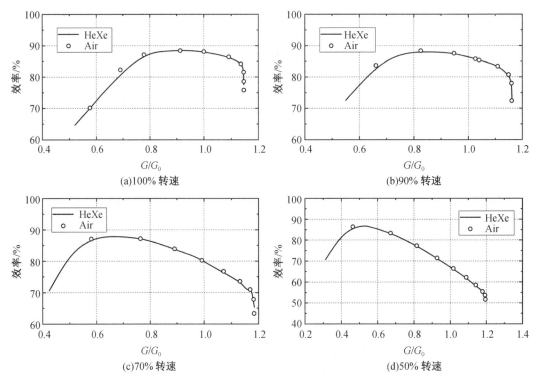

图 4-32　基于 $\gamma^{0.497}Ma^2\text{-}Re\text{-}u$ 相似条件氦氙涡轮效率的空气模化结果

如图所示,在 $\gamma^{0.497}Ma^2\text{-}Re\text{-}v$ 相似体系下,空气工质不仅能在部分工况位置有效模化氦氙涡轮效率特性,在涡轮临界状态时,空气涡轮也具有较高的模化精度,体现了新准则数的有效性,并可基于效率特性等效结果讨论不同工质涡轮的膨胀比等效方法。在 $\gamma^{0.497}Ma^2\text{-}Re\text{-}v$ 相似体系下,空气工质对氦氙涡轮膨胀比特性的模化结果如图 4-33 所示。基于式(4-20)得到该相似体系下涡轮比功如式(4-27):

$$Lu = \eta \left[\frac{w_1^2}{(\gamma-1)Ma_{w1}^2} + \frac{c_1^2}{2} \right] \left(1 - \pi^{\frac{1-\gamma}{\gamma}} \right) \qquad (4\text{-}27)$$

式(4-27)表面上包括两种涡轮在实际流动中并不相同的参数 Ma,但可通过增加 $\gamma^{0.497}$ 构造相似准则,即涡轮膨胀比与以下参数有关:

$$\pi \propto \left[Lu, \eta, \gamma, \gamma^{0.497}Ma^2, v(c, w, u) \right] \qquad (4\text{-}28)$$

基于式(4-28)分析,在已经实现涡轮效率等效模化的前提下,具有相同轮缘功及速度三角形的涡轮膨胀比仅与工质比热比有关。空气工质的比热比较低,这使得其在对应工况下,其涡轮膨胀比比氦氙原型机略低。而不同工质涡轮膨胀比的关系可由式(4-27)构造。

$$\left[\frac{\gamma^{0.497}w_1^2}{(\gamma-1)\gamma^{0.497}Ma_{w1}^2} + \frac{c_1^2}{2} \right] \left(1 - \pi^{\frac{1-\gamma}{\gamma}} \right) \Bigg|_1 = \left[\frac{\gamma^{0.497}w_1^2}{(\gamma-1)\gamma^{0.497}Ma_{w1}^2} + \frac{c_1^2}{2} \right] \left(1 - \pi^{\frac{1-\gamma}{\gamma}} \right) \Bigg|_2 \quad (4\text{-}29)$$

式中,角标"1""2"分别表示不同工质,式(4-29)变形可得

$$\pi_2^{\frac{1-\gamma_2}{\gamma_2}} = 1 - \frac{\left[\dfrac{\gamma^{0.497}w_1^2}{(\gamma-1)\gamma^{0.497}Ma_{w1}^2} + \dfrac{c_1^2}{2}\right]\bigg|_1}{\left[\dfrac{\gamma^{0.497}w_1^2}{(\gamma-1)\gamma^{0.497}Ma_{w1}^2} + \dfrac{c_1^2}{2}\right]\bigg|_2}(1-\pi^{\frac{1-\gamma}{\gamma}}) \qquad (4-30)$$

即为两种不同工质在 $\gamma^{0.497}Ma^2\text{-}Re\text{-}u$ 相似体系下的膨胀比转换公式,空气膨胀比的转换结果如图 4-33 所示。不同转速下,不同工况的空气涡轮的膨胀比转换结果与氦氙吻合度较高,即实现了在效率特性等效模化基础上的涡轮膨胀比特性模化。

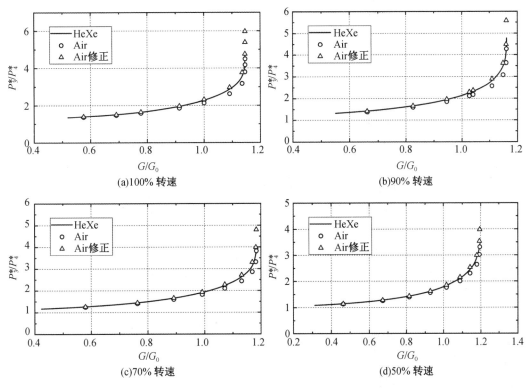

图 4-33 基于 $\gamma^{0.497}Ma^2\text{-}Re\text{-}u$ 相似条件氦氙涡轮膨胀比的空气模化结果

利用氩气以及空气等效氦氙涡轮效率特性的机理实际上是在变工况过程中持续构造不同工质叶轮机械流动的相似性,这其中关键在于 $Eu\text{-}Re$ 体系的维持。在设计工况下,不同工质流动 Re 一致。而在变工况过程中,由于质量流量的变化实际上为质量通量 ρu 的变化,因此在以流量比作为表征不同工况点的前提下,不同工质涡轮在相同工况点的质量通量变化 $\Delta\rho u$ 是一致的,即在变工况过程中由于质量通量变化而引起的不同工质 Re 的变化是一致的,从而保证了变工况过程中雷诺数条件的一致性。而在变工况时,在氦氙-氩气之间的特性等效中,欧拉数存在一定的变化,而空气与氦氙之间相似模化甚至未保证欧拉数的一致,二者也实现了对应工况点的效率特性等效。但这并不意味着以保证欧拉数为基础构建流场中动量交换一致性是不适用的,而恰恰说明了欧拉数条件可在低马赫数流动中实现近似相似的重要性。如 4.1.2 节中欧拉数对流场相似性的影响讨论是基于流动马赫数较低

并处于欧拉数自模区的前提下展开的,在实现空气对氦氙效率模化的过程中,未保证欧拉数条件对流动处于欧拉数自模区的叶轮机械流动相似性影响并不大,因此空气对氦氙的相似模化实际上为保证 $Re-v$ 条件下的流态近似相似的等效模化。

4.5　不同工质离心压气机特性相似研究

4.5.1　稀有气体压气机数值模型

叶片通道部分的网格拓扑结构为 HOH 型。对叶片前缘、叶片尾缘、叶顶间隙、轮缘轮毂壁面以及叶片表面进行加密。加密后靠近壁面的第一层网格厚度设置为 0.001 mm,第一层网格的 $y+$ 值在 1 以下。在叶轮进口处延长了进口流体计算域以保证进口处的气流可以均匀稳定地进入叶轮部分。

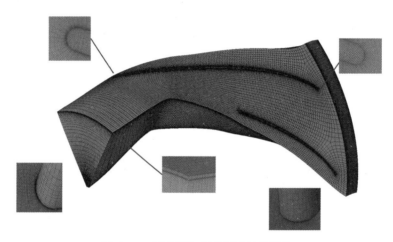

图 4-34　离心压气机单通道计算网格

图 4-35 所示为氦氙离心叶轮网格敏感性验证图。从图中可以看出叶轮效率随着网格数的增加而增大,而压比正好相反。当网格数达到 80 万时,压比和效率值基本不再变化,考虑到计算速度,采用单通道网格数为 80 万进行计算。

图 4-36 所示为蜗壳非结构网格划分示意图。采用 ICEM CFD 软件对蜗壳流体域进行网格划分,划分后网格为非结构网格。其中单元基本网格值为 1.0,缩放值为 1.6。对蜗壳进出口进行加密处理来提升网格质量,加密部分单元基本网格值为 0.6,缩放值为 1.3。对蜗壳壁面进行添加边界层来满足非结构网格对近壁面边界层的计算要求。第一层边界层为 0.01 mm,扩散系数为 1.1,边界层层数为 15。采用 Tetra/Mixed 模式生成非结构化网格,采用 Robust(Octree)生成方法。

图 4-37 所示为蜗壳网格敏感性验证图。从图中可以看出,随着网格数的增大,蜗壳的总压恢复系数增大,当网格数为 300 万时总压恢复系数基本不变,因此采用蜗壳网格数为 300 万进行计算。

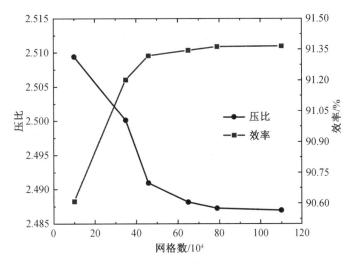

图 4-35　叶轮网格敏感性验证图

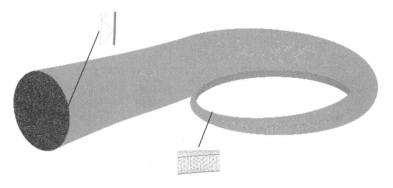

图 4-36　蜗壳非结构网格划分示意图

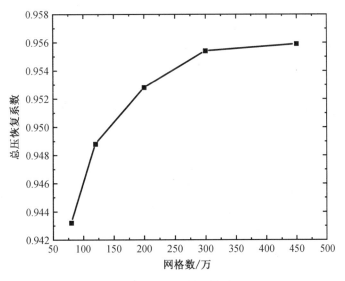

图 4-37　蜗壳网格敏感性验证图

4.5.2　稀有气体压气机特性的同工质相似方法

为研究使用氩气和空气来替代 40 g/mol 的氦氙混合气体进行离心压气机试验,以40 g/mol 的氦氙气体在离心压气机中的参数为基准,由替代试验理论,对氩气和空气进行替代试验模拟计算。数值计算时,叶轮转速不变,进口给定与使用氦氙混合气体时相同的轴向速度以保证进口速度三角形,通过压力和温度的调整保证进口雷诺数和马赫数。表 4-12 和表 4-13 给出了设计点下的氩气与空气的相似参数。氩气和氦氙气体比热比相差较小,因此替代参数相同。而空气的比热比与氦氙混合气体相差较大,相似参数中的马赫数有一定差异。由于数值计算的敏感性,实际计算很难保证完全一致,调整后进口速度、马赫数和雷诺数误差均不超过 1.5%。

表 4-12　氩气替代参数

替代参数	氦氙气体	氩气理论值	氩气计算值	氩气计算值误差
进口速度/(m/s)	140.45	140.45	142.3	1.32%
马赫数	0.42453	0.42453	0.4296	1.19%
雷诺数	594 169	594 169	597 190	0.51%

表 4-13　空气替代参数

替代参数	氦氙气体	空气理论值	空气计算值	空气计算值误差
进口速度/(m/s)	140.45	140.45	140.45	1.23%
马赫数	0.424 53	0.424 53	0.463 25	0.79%
雷诺数	594 169	594 169	594 169	1.25%

图 4-38 至图 4-41 给出了不同工质叶轮中子午面和 10%、50%、90% 相对叶高处的马赫数分布。从图中可以看出,三种工质叶轮中马赫数的分布规律相似,在数值上氦氙叶轮和氩气叶轮基本相同,空气的进口替代参数中马赫数较高,因此空气叶轮中马赫数高于其他两种叶轮。

图 4-42 给出了不同工质离心叶轮设计工况下的叶片表面绝对静压系数分布曲线。其中绝对静压系数等于当地静压与叶轮出口平均静压的比。静压系数反映了叶轮中静压的分布规律,从图中可以看出氩气叶轮中绝对静压系数与氦氙叶轮中基本一致,而空气叶轮中绝对静压系数略低于氦氙叶轮,但总体分布规律相同。

图 4-43 给出了不同工质离心叶轮设计工况下叶片表面相对静压系数分布曲线。其中相对静压系数定义如下:

$$C_{ps,\mathrm{rel}} = (P-P_{\mathrm{in}})/(P_{\mathrm{t,in}}-P_{\mathrm{in}}) \tag{4-31}$$

式中,P 为当地静压,P_{in} 为叶轮进口平均静压,$P_{\mathrm{t,in}}$ 为叶轮进口平均总压。

相对静压系数反映了叶轮中静压的增长规律,从图中可以看出空气叶轮中绝对静压系数与氦氙叶轮中基本一致,而氩气叶轮中绝对静压系数略低于氦氙叶轮,但总体分布规律相同。

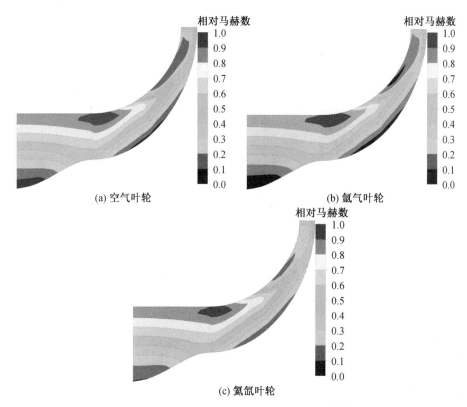

(a) 空气叶轮　(b) 氩气叶轮

(c) 氦氙叶轮

图 4-38　不同工质离心叶轮 10％叶高相对马赫数分布

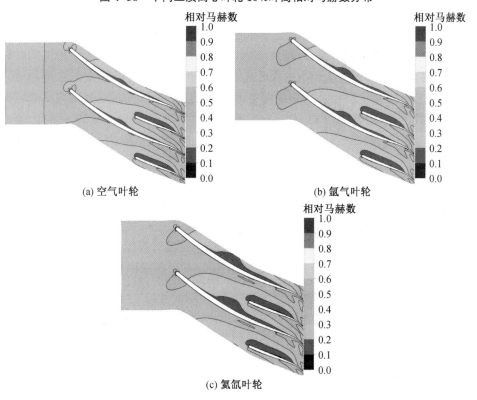

(a) 空气叶轮　(b) 氩气叶轮

(c) 氦氙叶轮

图 4-39　不同工质离心叶轮 10％叶高相对马赫数分布

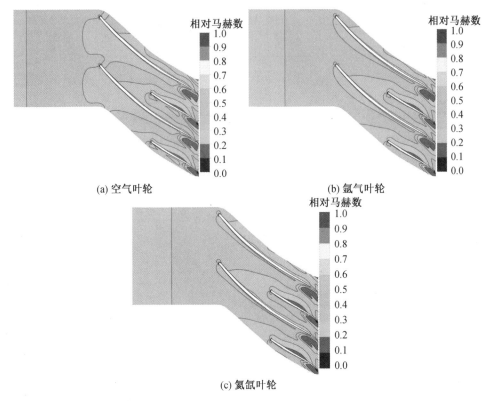

(a) 空气叶轮　　　　　　　　　　　　　　(b) 氩气叶轮

(c) 氦氙叶轮

图 4-40　不同工质离心叶轮 10%叶高相对马赫数分布

图 4-44 所示为不同工质离心叶轮中的静熵分布。图 4-45 所示为不同工质叶轮内三维流线及流向 60%截面、75%截面和出口截面的静熵分布图。可以看出三种工质叶轮内静熵分布规律基本相同。熵增主要集中在叶片吸力面和近轮缘处,这种由二次流和叶片载荷引起的高熵值流体,从上游叶片叶顶间隙处开始,沿着流向和吸力面到压力面的方向不断扩张。氦氙叶轮内熵增峰值为 15.4%,空气叶轮内熵增峰值为 14.8%,氩气轮内熵增峰值为 20.6%。氦氙叶轮和空气叶轮内熵增峰值相差较小,氩气叶轮内熵增峰值较高,相对熵增程度大。图 4-46 所示为三种工质叶轮出口处的相对气流角分布图。三种叶轮出口处的相对气流角分布有极大的相似性,相比于氦氙叶轮,空气叶轮出口相对气流角整体分布水平略低于氦氙叶轮,轮缘处高气流角分布区域面积也略低。氩气叶轮出口相对气流角整体分布水平略高于氦氙叶轮,轮缘处高气流角分布区域面积也略大。

图 4-47 和图 4-48 给出了不同工质下压气机全局相对静压系数分布图和三维流线示意图。三种工质离心压气机的全局相对静压系数分布规律基本相同,数值上,空气与氦氙气体基本相同,而氩气值略低。

　　　综合分析可以看出,使用替代试验算法具有很高的可行性。在不同工质叶轮内,马赫数分布规律、静压的分布及增长规律、静熵的分布规律及出口相对气流角的分布规律有很大的相似性。结合叶轮内三维流线示意图,可以看出氩气和空气代替氦氙气体时,叶轮内部工质流动有极高的相似性。

图 4-49 给出了不同转速条件下,氩气和氦氙气体不同流量下的特性曲线图。由于是以氦氙压气机为对照进行替代试验算法研究,因此氩气流量折算为对应相似条件下的氦氙

气体流量。从图中可以看出采用替代试验算法,氩气可以很好地表现出压气机的特性,再次验证出替代算法的可行性。

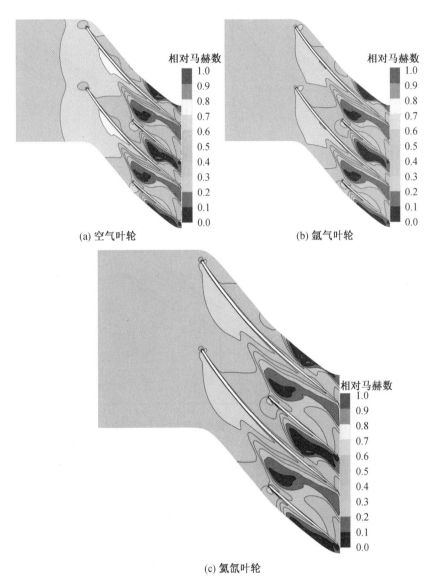

(a) 空气叶轮　　　　　　　　　(b) 氩气叶轮

(c) 氦氙叶轮

图 4-41　不同工质离心叶轮 10%叶高相对马赫数分布

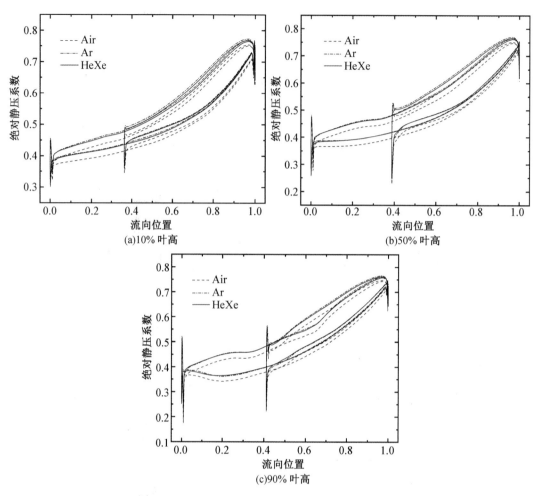

图 4-42　不同工质叶片表面绝对静压系数分布曲线

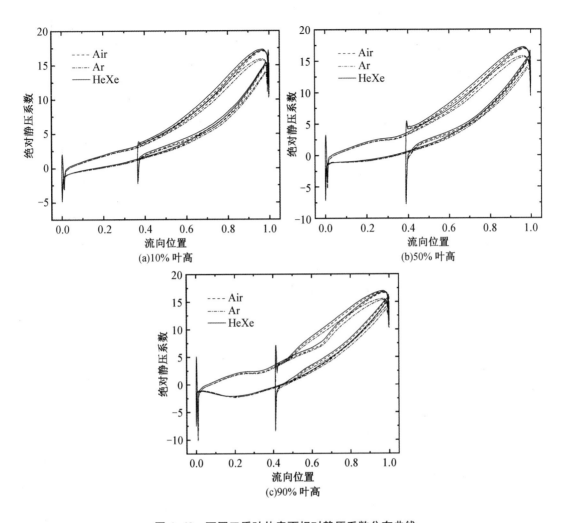

(a)10% 叶高　　(b)50% 叶高

(c)90% 叶高

图 4-43　不同工质叶片表面相对静压系数分布曲线

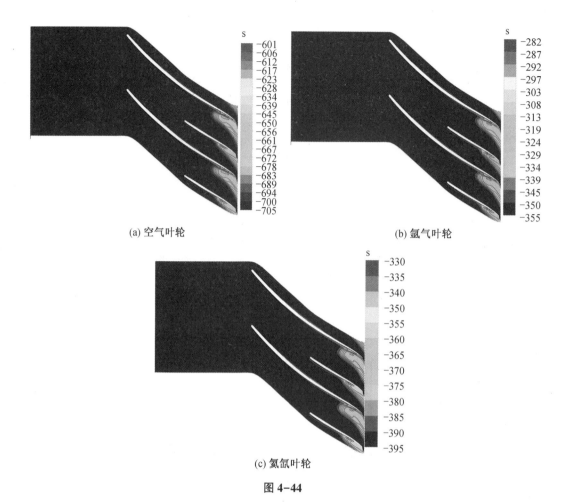

(a) 空气叶轮   (b) 氩气叶轮

(c) 氦氙叶轮

图 4-44

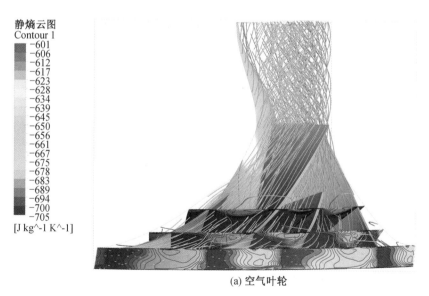

(a) 空气叶轮

图 4-45(续)

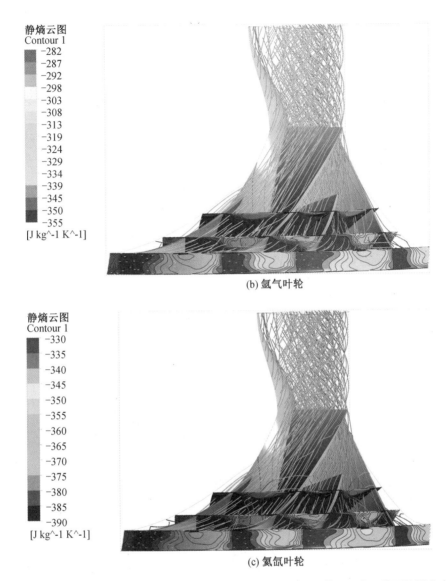

(b) 氩气叶轮

(c) 氦氙叶轮

图 4-45　不同工质叶轮三维流线及沿流线方向 60% 截面、75% 截面和出口截面熵增分布

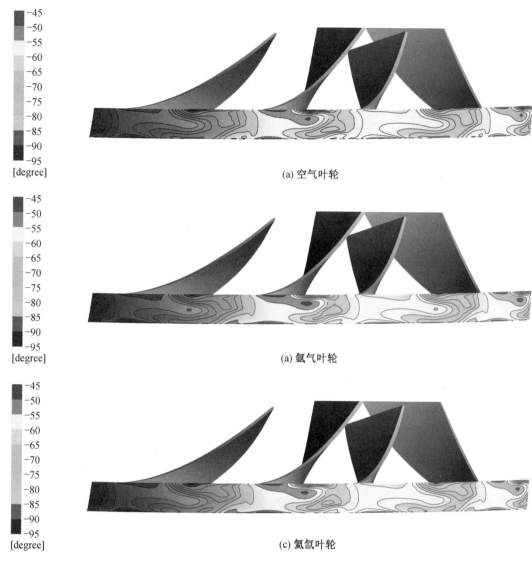

(a) 空气叶轮

(a) 氙气叶轮

(c) 氦氙叶轮

图 4-46　不同工质叶轮出口截面相对气流角分布图

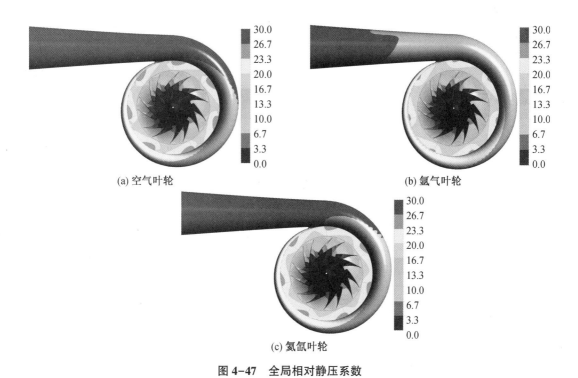

(a) 空气叶轮

(b) 氩气叶轮

(c) 氦氙叶轮

图 4-47　全局相对静压系数

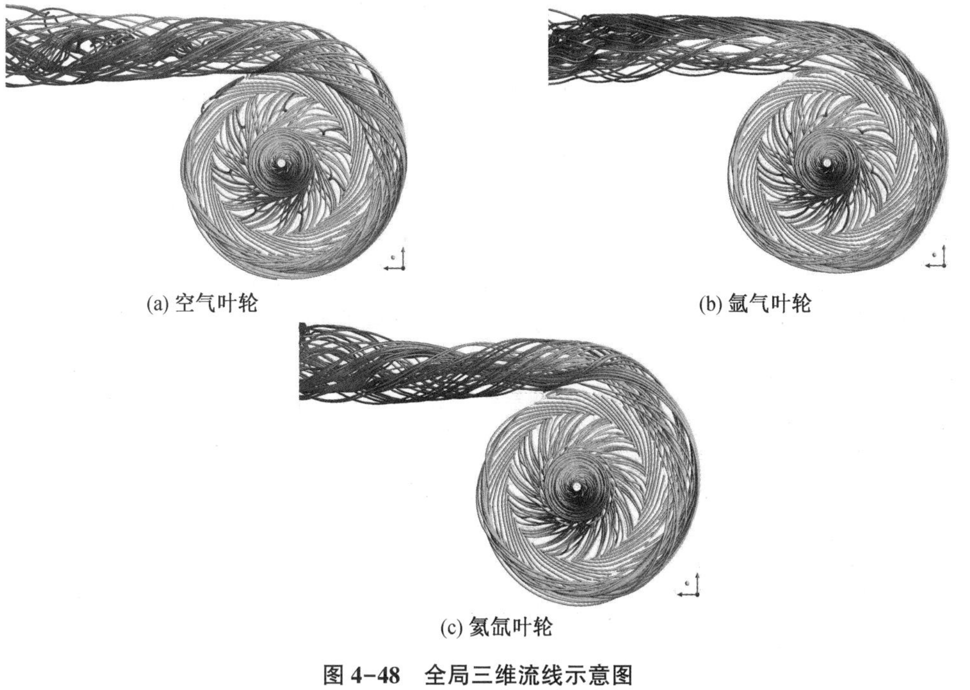

(a) 空气叶轮

(b) 氩气叶轮

(c) 氦氙叶轮

图 4-48　全局三维流线示意图

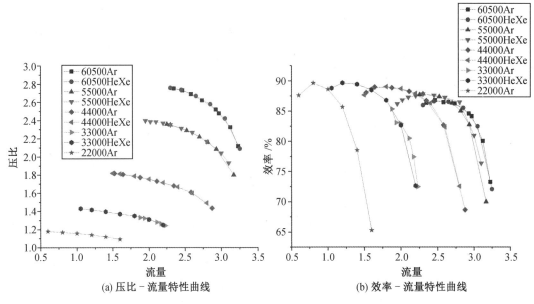

(a) 压比－流量特性曲线　　　　　　　　(b) 效率－流量特性曲线

图 4-49　氩气和氦氙气体不同流量下的特性曲线图

4.6　本 章 小 结

本部分对径流式叶轮机械的外特性曲线进行采用空气及氩气的特带试验研究。针对基于相对质量流量的效率及总压比特性曲线,提出了基于流动相似的叶轮机械外特性替代方法,并开展了相似流动条件的变化对特性等效的影响。通过建立径流式涡轮及压气机模型,研究了该相似方法对实际问题的适用性。结果表明:

(1)在不同工质离心压气机及径流涡轮内,马赫数分布规律、静压的分布及增长规律、静熵的分布规律及出口相对气流角的分布规律有很大的相似性。表明氩气和空气代替氦氙气体时,离心压气机叶轮内部工质流动有极高的相似性。采用替代试验算法时,尽管叶轮机械内气动参数有较大差异,但氦氙与氩气同族气体间涡轮与压气机的特性基本相同。

(2)在设计工况及低工况下,空气预测结果与稀有气体特性基本符合,但是在涡轮临界状态,空气与氦氙涡轮的临界质量有较大差别。该区别是两种工质的比热比差异所致。通过改变相似条件,可使空气与氦氙涡轮实现基于流动近似相似的特性完全等效。

参 考 文 献

［1］杨策,施新.径流式叶轮机械理论及设计［M］.北京:国防工业出版社,2004.

［2］陈懋章.粘性流体动力学基础［M］.北京:高等教育出版社,2002.

［3］张书玮.氦氙离心压气机优化设计及实验系统仿真研究［D］.哈尔滨:哈尔滨工程大学,2022.

［4］TIAN Z,ZHENG Q,JIANG B,et al. Research on the design method of highly loaded helium compressor based on the physical properties［J］. Journal of Nuclear Science and Technology,2017,54(8):837-849.